Gravitation etwas anders

und was daraus folgt

Kurze Zusammenfassung:

Gravitation ist keine eigenständige Kraft, sondern eine direkte Reaktion der Vakuumenergie auf das Vorhandensein von Materie.

Massenträgheit ist ein bei Beschleunigungen auftretender Widerstand der Schwerpunktverschiebung im Vakuumenergie-Feld.

Die Gravitationskonstante ist eine großräumige Variable und bewirkt u.a. die von der Gravitationstheorie abweichende Rotationsgeschwindigkeit in Spiralnebeln bzw. Galaxien.

Die Allgemeine Relativitätstheorie ist möglicherweise weiterhin anwendbar, wenn der Begriff „Raum--Krümmung" durch „Krümmung der Vakuumenergie-Isobaren" ersetzt wird.

US-Englische Übersetzung im Anhang

Paul Bauer hat Feinmechanik und Optik studiert, jahrelang als Entwicklungsingenieur im Bereich Konstruktion und Elektronik gearbeitet und war anschließend selbständiger Unternehmer.
Bei den Dingen hinter den Vorhang zu schauen hat ihn schon immer interessiert, und in der Physik gibt es ja noch genug Rätselhaftes.
Als Entwickler ist er gewohnt, erst die Ursache eines Problems zu klären und dann nach einer möglichst einfachen Lösung zu suchen.
So entstand nebenbei auch die Idee zu der vorliegenden Hypothese

Der Text ist eine Arbeits-Hypothese und kann unter Quellenangabe für eigenen Arbeiten oder Publikationen verwendet werden.
Eine Gewähr für die Richtigkeit wird nicht übernommen.

Kontakt möglich unter einer früheren Version des Artikels:
gravitation-hypothese.de

Bibliografische Information der Deutschen Nationalbibliothek: Die Deutsche Nationalbibliothek verzeichnet diese Publikation in der Deutschen Nationalbibliografie; detaillierte bibliografische Daten sind im Internet über dnb.dnb.de abrufbar.

© 2022 Paul Bauer
Herstellung und Verlag: BoD – Books on Demand, Norderstedt

ISBN: 9 783756 219568

Inhalt:

Vorwort

In unserer Welt gibt es viele Dinge, die eigentlich ein Wunder sind, die wir aber mehr oder weniger als selbstverständlich gegeben hinnehmen, das Weltall, die Materie, das Leben, die Umwelt und alle diese Erkenntnisse, die der Mensch der Natur abgerungen hat.
Alle diese Leistungen der vielen klugen Köpfe kann man nur mit Ehrfurcht bewundern.
Schon in frühen Zeiten wurden Erkenntnisse durch Naturbeobachtungen gefunden und nach dem jeweiligen Wissensstand interpretiert. Im Lauf der Zeit wurden Irrtümer durch Experimente entdeckt und korrigiert. Mit Mathematik sind Zusammenhänge gefunden und viele Entdeckungen damit berechenbar und handhabbar gemacht worden.
Aber es gibt auch noch viele Phänomene, die noch längst nicht geklärt sind und nach deren Erklärung die Wissenschaftler der Welt noch suchen.
Beim Lesen von Publikationen zu Themen der theoretischen Physik, wie Gravitation, Massenträgheit, Dunkler Energie, Dunkler Materie und Elementarteilchen und andere werden immer wieder mal Unstimmigkeiten erwähnt und der Wunsch nach klärenden Ideen angesprochen.
Man bekommt beim Lesen dieser Artikel zunehmend das Gefühl, dass in der Physik etwas Grundsätzliches nicht stimmt und dass es da eine viel einfachere Erklärung geben müsste, was auch die Autoren mehr oder weniger andeuten.
Es scheint, dass es angebracht ist, die Selbstverständlichkeiten nochmals zu hinterfragen.
Neue Antworten wird man allerdings nur finden, wenn man unabhängig von der aktuellen Lehrmeinung danach sucht. Die Theorien und Erklärungen sind im Lauf der Zeit immer komplexer geworden, da ist es sicher nicht verkehrt, auf der Basis der experimentell gut gesicherten Erkenntnisse nach Antworten zu suchen, nach dem Motto "geht's nicht einfacher".
Zwangsläufig denkt man da an den Vergleich vom geozentrischen zum heliozentrischen Weltbild aus früheren Zeiten, wo sich höchst

komplizierte und unerklärliche Planetenbahnen in das Wohlgefallen der Keplerschen Bahngesetze aufgelöst haben.

Ein aktuelles Beispiel ist auch die verzweifelte Suche nach der Dunklen Materie. Nur um das bestehende Standardmodell nicht infrage zu stellen, wird viel geistige Kapazität und Energie aufgewendet und dazu noch gewaltige Kosten für Experimente, obwohl doch eigentlich offensichtlich ist, dass hier kein Weg zum Ziel führt. Das Verhalten der Wissenschaftsgemeinde erinnert fatal an eine Fliege, die immer wieder gegen eine Fensterscheibe anprallt und glaubt, irgendwann mal durchzukommen, obwohl nicht weit entfernt eine offene Tür ist.

So erfolgreich die Kosmologie bei den Beobachtungen mit Teleskopen, wie Hubble oder der Radioastronomie auch ist, so wenig bewegt sich anscheinend bei den Theoretikern.

Da werden bestehende Theorien mit höchst komplizierter Mathematik bearbeitet und wenn etwas nicht passt, dann postuliert man neue Teilchen, was fast schon wie eine Manie anmutet.

Dabei sollten eigentlich die Experimente und die Beobachtungen der Ausgangspunkt sein. Die Interpretationen können unterschiedlich sein und demzufolge auch die Ergebnisse der darauf angewandten Mathematik und deren Vorhersagen. Je genauer die Ergebnisse der Experimente sind, desto genauer kommt auch die Mathematik an die Realität heran, denn Wahrsagen kann Mathematik (noch) nicht.

Die Suche nach der Dunklen Materie, nach Axionen, Wimps oder wie sie alle heißen, hat trotz Riesenanstrengungen noch zu keinen wirklichen Ergebnissen geführt. Es sieht fast so aus, wie die Suche nach dem Goldschatz, der am Ende des Regenbogens vergraben sein soll.

Auch die Entdeckung einiger Higgs-Bosonen und die Erklärungen dazu, wie sie in der Realität wirken, sind nicht besonders überzeugend. Es werden bei den Kollisionen im CERN-Ringbeschleuniger sicher noch eine Menge anderer Teilchen entstanden sein, die nach Nanosekunden gleich wieder zerfallen und in der Realität keine relevante Wirkung und Bedeutung haben. Die entdeckten

6

Higgs-Bosonen sind vielleicht auch nur Fragmente, die zufällig mit den Vorhersagen der mathematischen Theorien zusammenpassen. Die Quantenphysik ist da wesentlich erfolgreicher, weil die Erkenntnisse aus den Experimenten und den sich daraus ergebenden Gesetzmäßigkeiten sehr realitätsnah sind und sich zumeist mit dem Verhalten von Materie und den schier unendlichen vielen Wechselwirkungen und Verbindungen zwischen den Teilchen untereinander befassen.

In den Veröffentlichungen von kosmologischen Artikeln liest man da deutlich öfters die Bemerkung: „wir wissen es nicht".

Aber auch da gibt es viele Entdeckungen aus den letzten Jahren, die wirklich bedeutsam sind, die aber zuvor, etwa Einstein bei seiner AR, nicht bekannt waren.

Es ist deshalb Zeit und längst überfällig, die Karten neu zu mischen.

Mit den folgenden Gedanken soll versucht werden, einen Weg aus der Sackgasse zu finden.

Es ist auch klar, dass durch diese Überlegungen einige liebgewordenen Theorien in Frage gestellt werden, aber das ist beabsichtigt.

Legen Sie also die nachfolgenden Ausführungen nicht gleich zur Seite, auch wenn Ihnen die Gedanken vielleicht gehörig gegen den Strich gehen und längst für obsolet erklärte Begriffe wieder zur Sprache kommen. Lesen Sie das einfach ohne Vorurteile und versuchen Sie dabei nicht, die Hypothesen mit dem bestehenden Standardmodell in Einklang zu bringen, weil genau das ja damit hinterfragt werden soll.

Vielleicht werden Sie am Ende doch etwas nachdenklich darüber.

Die folgenden Überlegungen kommen völlig ohne Mathematik aus, ganz dem Ausspruch von Albert Einstein folgend: „Was man nicht mit Worten beschreiben kann, das hat man nicht verstanden". Aber vielleicht findet sie ja jemand interessant genug, um die obligatorische Mathematik dazu zu entwickeln und eine brauchbare Theorie daraus zu machen.

Am Anfang.

Mit einiger Wahrscheinlichkeit kann man davon ausgehen, dass am Anfang ganz wenige einfache Zutaten vorhanden waren.
Zuerst ist da der „Raum", ein Nichts mit unbegrenzter Ausdehnung, dazu ein stetiger Fluss namens Zeit,
und ein Medium eines masselosen und superfluiden skalaren Feldes namens Energie, das in verschiedenen Erscheinungsformen auftreten kann.

Zum Anfang unserer Zeitrechnung wird eine Art Urknall angenommen, bei dem in dem Nichts aus einer Singularität, also einem unendlich kleinen Punkt mit unendlich hoher Dichte die gesamte Materie des uns bekannten Universums entstanden sein und sich in unfassbar kurzer Zeit in den Raum hinein ausgebreitet haben soll. Diese Vorstellung mutet höchst phantastisch an und gleicht eher einer mathematischen Interpolation zurück bis zu einem „Nichts" mit unendlich hoher Dichte, aber mit wenig Bezug zur Realität.
Da wir nicht wissen können, was in den 100 oder 500 Milliarden Jahren davor gewesen ist, kann auch zum Beispiel eine riesige Kugel etwa wie ein Schwarzes Loch da gewesen sein, oder es sind einige riesige Neutronensterne dieser Vorzeit zusammengeprallt und haben den aktuellen Urknall verursacht und die Schöpfung war schon vorher da.
Oder es gab da eine riesige Wolke des hochkonzentrierten Mediums namens Energie, möglicherweise in einem hochkritischen Zustand, vergleichbar mit einem Ballon, gefüllt mit Knallgas (auch wenn der Vergleich stark hinkt).
Auch die Idee, dass vorher keine Zeit existiert hätte und erst mit dem Urknall entstanden sei, ist ebenso eine Spekulation, die nicht belegbar ist.
Das kann man natürlich in Betracht ziehen, wenn man nicht den Anspruch erhebt, damit die Realität zu beschreiben, es ist eher Fiktion, oder noch besser, Science Fiktion. Bestenfalls kann man Rückschlüsse auf die ferne Vergangenheit durch Beobachtungen der

frühen Sterne ziehen, deren Licht uns gerade noch erreicht. Das genügt, um eine einigermaßen verlässliche Analogie aus der Vergangenheit in die Zukunft zu ziehen.

Bei der schieren Größe des beobachtbaren Universums mutet das derzeit postulierte Alter von etwa 14 Milliarden Jahren sowieso eher als etwas zu kurz an.

Wir wissen auch nicht, was ein Beobachter sieht, der von der Grenze des überschaubaren Weltalls aus weiter in den Raum schaut. Sieht es von dort ähnlich aus wie bei uns, mit weiteren Sternen und Galaxien oder ist dort lichtloser dunkler Raum?

Was hat sich hinter der Grenze aus expandierendem All, Dopplereffekt und Lichtgeschwindigkeit für uns bereits nicht mehr sichtbar verborgen?

Wir können es eben nicht wissen.

Wie auch immer, das sind eher philosophische Probleme.

Durch ein Ereignis, der als Urknall bezeichnet wird, expandierte die Wolke explosionsartig.

Bei dieser gewaltigen Turbulenz entstanden dabei alle denkbar möglichen kleinen Teilchen aus der hochverdichteten Energie, die aber zum größten Teil wieder in diese Energie zerfielen, weil sie die Stabilitätskriterien für ein längeres Dasein nicht erfüllten.

Übrig blieben die Elementarteilchen, aus denen die Materie im Universum besteht: Elektronen, Protonen, Neutronen, und Photonen, also Licht und Strahlung.

Diese Energie hat sich zusammen mit den eingebetteten stabilen Teilchen in den Raum hinein mit hoher Geschwindigkeit ausgebreitet. Anfangs mit extrem hoher Geschwindigkeit, entsprechend der hohen Energiedichte mit dem Vielfachen dessen, was wir heute als Lichtgeschwindigkeit bezeichnen. Mit zunehmender Ausbreitung wurde die Energiedichte geringer und damit auch die Ausbreitungsgeschwindigkeit.

Während der langen Zeit der Ausbreitung, die heute mit etwa 14 Milliarden Jahren angenommen wird, haben sich die Teilchen zu Staub, Himmelskörpern und Galaxien zusammengefunden, die wir durch astronomische Beobachtungen sehen können.

Energie des Raumes, die Vakuumenergie (VE)

Die Vorstellung zu diesem Vakuumenergie-Feld ist etwas schwer in Worte zu fassen.

Die Vakuumenergie ist sozusagen das Ur-Medium, aus dem alles besteht und macht sich in unterschiedlichen Formen und Wirkungen bemerkbar.

Diese Energie ist ein Spannungs- und Druckzustand eines amorphen Feldes, das sich im leeren Raum ausgebreitet hat und immer noch weiter ausbreitet.

Es hat als Energiefeld keine Körnung oder Quantelung und ist damit ein Analogfeld.

Es ist superfluid und erzeugt deshalb bei bewegten Teilchen keine Reibung.

Es tritt mit elektromagnetischen Wellen, also auch Licht, nur in Wechselwirkung, indem es die Ausbreitungsgeschwindigkeit begrenzt.

Dieses Energiefeld ist zu allen Teilchen völlig neutral und wird als Skalar-Feld bezeichnet.

Es ist ständig und unmittelbar präsent, es umspült und durchdringt alles, auch Materie bis hin zu den Atomkernen und kann deshalb mit materiellen Mitteln auch nicht abgeschirmt werden.

Wegen der fehlenden Reibung behindert es auch die gleichmäßige Bewegung oder Geschwindigkeit von Materie nicht oder kaum, solange es sich deutlich unterhalb der Lichtgeschwindigkeit abspielt. Der Bewegungsimpuls bleibt dabei erhalten.

Diese Energie hat ein hohes Feldpotential, ohne dass wir es unmittelbar fühlen können, weil es von allen Seiten her wirkt und sich deshalb neutral verhält. Nur ein Unterschied in der Energiedichte kann eine Wirkung erzeugen, eine Kraftwirkung wie z. B. die Schwerkraft.

Eine Feldänderung oder ein Druck- oder Dichteunterschied in diesem Energiefeld kann sich nicht schlagartig ausbreiten, sondern nur mit einer begrenzten Geschwindigkeit, mit der sich auch eine Dichteänderung im Feld ausbreiten kann. Das ist z.B. bei Schwerkraftwellen der Fall. Oder auch bei der Beschleunigung von

Massen, weil damit eine Dichteänderung verbunden ist, die eine Kraftwirkung erfordert und als Massenträgheit bekannt ist.

Zum besseren Verständnis kann ein Vergleich zum Magnetfeld eines Dauermagneten dienen. Nimmt man einen Dauermagnet in die Hand, so verhält er sich völlig neutral, solange kein magnetisch leitfähiges Material, wie beispielweise Eisen in der Nähe vorhanden ist. Man sieht oder fühlt auch bei starken Magneten keine merkbare Auswirkung, obwohl das magnetische Feld um den Magneten in Form von Feldlinien ohne Zweifel vorhanden ist, was mit einigen Eisenfeilspänen sofort sichtbar gemacht werden kann. Das Magnetfeld dringt auch durch Materie hindurch z.b. durch eine Tischplatte aus Holz, womit dann ein darauf liegendes Eisenteil, z.B. ein Cent, mit dem Magnet unterhalb der Tischplatte bewegt werden kann. Dadurch liegt der Schluss nahe, dass kein Teilchen an der Wirkung beteiligt ist, sondern eben ein Kraft- oder Energiefeld ohne Körnung.

Das Magnetfeld entsteht bei Elementen durch elektrodynamische Vorgänge im Atom, tritt als Magnetkreis in Erscheinung und hat eine Polung, genannt Nordpol und Südpol. Es kann auch durch bewegte Elektronen in einem Stromkreis erzeugt werden.

Die Vakuumenergie ist da wesentlich elementarer, sie ist ständig präsent und verhält sich als statisches Analogfeld zu jeder Art von Materie völlig neutral, unabhängig von deren elektromagnetischer Ladung. Die Dichte ist im freien Raum weitgehend gleichmäßig verteilt und homogen, in der Nähe von Materie wird sie durch die Wechselwirkung damit variabel.

In früheren Zeiten war da vom Äther die Rede, dem einige Eigenschaften zugeschrieben wurden, die sich im Verlauf der Erkenntnisse als unzutreffend herausgestellt haben. Mit dem Versuch von Michelson-Morley wurde bewiesen, dass die Lichtgeschwindigkeit nicht von einer Bewegung eines Äther-Mediums abhängig ist, er hat aber nicht bewiesen, dass es den Äther nicht gibt. Einstein hatte dann mit seiner Allgemeinen Relativitätstheorie den Äther sozusagen zu den Akten gelegt. Aber ganz so sicher scheint er sich da nicht gewesen zu sein.

Wie man in dem Buch von Prof. Henning Genz „Nichts als das Nichts" ab Seite 241 nachlesen kann, hat Einstein in einem Brief an H. A. Lorentz geschrieben:

„Es wäre richtiger gewesen, wenn ich in meinen früheren Publikationen mich darauf beschränkt hätte, die Nicht-Realität der Äthergeschwindigkeit zu betonen, statt die Nicht-Existenz des Äthers überhaupt zu vertreten. ..." (Siehe auch Wikipedia: Äther (Physik)).

So verkehrt waren also auch damals die Gedanken der alten Philosophen wohl nicht, obwohl sie ja vom Aufbau der Materie, den Elementarteilchen und Elementen nichts wissen konnten.

Heute sind Begriffe wie Vakuumenergie, Quintessenz und Dunkle Energie im Gespräch.

Im Standardmodell der Kosmologie wird ein alles durchdringendes Energiefeld postuliert, das Higgs-Feld, mit einem Energielevel nahe einem Nullpotential. Es dient zur Erklärung der Massenträgheit der Materie. Dabei wird manchmal ein Vergleich mit einem Löffel angeführt, der in einem Honigtopf bewegt wird und dabei Widerstand erfährt. Dieser Vergleich hinkt aber sehr, weil die Massenträgheit nicht bei gleichmäßiger Geschwindigkeit, sondern nur bei Änderung der Geschwindigkeit, also Beschleunigung oder Abbremsung zutage tritt.

Und was ist das Nullpotential beim Higgs-Feld?

Es fehlt ein Vergleichspotential zu einem Nullpunkt, wie es bei der Temperatur mit $0°$ Kelvin möglich ist. Der Higgs-Nullpunkt kann ganz ähnlich wie bei $0°$ Celsius auf sehr hohem Niveau liegen. Analog zum Temperaturnullpunkt, bei dem die Bewegungsenergie der Materieteilchen zum Stillstand kommt, könnte man für die Nulldichte der Vakuumenergie den sogenannten Schwarzschildradius in Betracht ziehen, der bei Neutronensternen angenommen wird, die sich zu „Schwarzen Löchern" verdichtet haben.

Doch dazu etwas später.

Die sogenannte „Dunkle Energie" wird mit hohem Konsens als real angenommen und soll etwa 70% des Energiegehaltes im Universum ausmachen. Sie dient zur Erklärung der beschleunigten Raumausdehnung, die mit der starken Rotverschiebung des Lichtes und dem Doppler-Effekt dazu an den Grenzen des beobachtbaren Weltalls gemessen wird (Hubble).

Dunkel ist an dieser Energie eigentlich nur das Verständnis dafür.

Man kann mit hoher Wahrscheinlichkeit davon ausgehen, dass diese Dunkle Energie im Standardmodell der Kosmologie der Vakuumenergie im Standardmodell der Quantentheorie entspricht, wo dort eine vielfach höhere Vakuumenergie-Dichte gegenüber dem Standardmodell der Kosmologie postuliert wird.

(Siehe auch Wikipedia.de: Dunkle Energie)

Es ist also keine besondere Energieform neben der Vakuumenergie erforderlich. Auch die hochkonzentrierte Energie, aus der die Elementarteilchen bestehen, ist eine Erscheinungsform der Vakuumenergie, ebenso magnetische und elektrische Felder, auch Licht und Strahlung.

Wäre der Raum so leer, wie es derzeit angenommen wird oder nur ganz dünn gefüllt mit der Nullpunktsenergie des Higgs-Feldes und einiger Strahlung, dann würde der Materie bei Beschleunigung kein nennenswerter Widerstand entgegengesetzt werden und es wäre fraglich, ob es dann überhaupt Massenträgheit gäbe, weil Materie nur zum geringsten Teil aus den Elementarteilchen besteht, zum allergrößten Teil aus Raum dazwischen.

Auch könnte Masse in einem leeren Raum dann wohl auf beliebig hohe Geschwindigkeiten beschleunigt werden.

Eine Raumkrümmung wäre da wohl kein Hindernis.

Aber das ist ja offensichtlich nicht der Fall. Das Medium ist die Vakuumenergie, sie setzt die Grenzen. Als statisches Energiefeld füllt sie den Raum, ist suprafluid, hat keine Teilchen und kann sich deshalb sehr schnell ausbreiten und in ihrer Dichte angleichen.

Aber eben auch nur mit begrenzter Geschwindigkeit, mit der sich auch Licht, also Strahlung bewegen kann. Das schließt mit ein, dass in diesem VE-Feld auch Ausgleichströmungen und großräumige Unterschiede der Dichte auftreten können, die Zeit zum Ausgleich brauchen.

Man kann sich das ähnlich wie bei Luft vorstellen, aber auf einer ganz anderen Ebene, weil da keine Teilchen wie in einem Gas bewegt werden müssen.

Durch die Aufblähung der Energieblase beim Urknall in den leeren Raum hinein hat der Energiedruck das Medium Energie zusammen mit den Materieansammlungen ausgedehnt, wie es manchmal mit dem „Hefeteig"-Vergleich so beschrieben wird.

Weil sich die Energieblase in den leeren Raum hinein ausbreitet, wirkt sich der Energiedruck natürlich beschleunigend auf die Ausdehnung aus, wie das an der Grenze des beobachtbaren Weltraumes durch die Rotverschiebung der Spektrallinien von Sternen und Galaxien durch den Doppler-Effekt gemessen wurde.

Materie, Teilchen haben dabei einen Impuls erhalten und schwimmen in dem sich ausdehnenden Energiefeld mit. Sie sind dabei mit an die Ausdehnung des Energiefeldes gekoppelt, eine Änderung dieser Kopplung würde eine Kraft erfordern, also einen Energieaufwand. Materie wird dabei nur geringfügig durch den Mitzieheffekt beschleunigt.

Die Gravitationskraft wird da keine nennenswerte Rolle spielen, weil sie praktisch nur zwischen Materie wirkt und dadurch nur Verschiebungen zwischen Materieansammlungen hervorrufen kann.

Auf den Ausdehnungsvorgang hat sie dabei kaum Einfluss, und nahezu gar keinen auf eine Kontraktion des Weltalls, wie sie früher mal im Gespräch war.

Die Ausdehnung erfolgt nach den Beobachtungen mit recht moderater Geschwindigkeit.

Wie schnell sich das VE-Feld in den leeren Raum hinein ausbreitet, ist nicht feststellbar, weil man nur die Bewegung von Materie, also Sterne und deren Licht beobachten kann.

Und selbst das ist eine Beobachtung, die Milliarden Jahre alt ist.

Es könnte durchaus auch sein, dass die Energiedichte an den Rändern in den Raum hinein geringer wird und die Ausdehnungsgeschwindigkeit dadurch begrenzt wird.

Wer weiß schon, wie der Blick nach „draußen" am Rand des Alls aussieht?

Materie

Beim sogenannten Urknall wurde also mächtig Staub aufgewirbelt und es entstanden massenhaft Schmutzteilchen, Materie genannt. Diese Materieteilchen, Protonen, Elektronen, Neutronen sind demnach eine Erscheinungsform der Vakuumenergie, hoch konzentriert und konditioniert als Schwingungsgebilde mit jeweils genau definiertem Quantum an gebundener Energie. Sie erfüllen bestimmte Stabilitätskriterien und sind deshalb langzeitstabil. Auch Photonen, also Lichtteilchen oder elektromagnetische Wellen gehören dazu. Es sind dazu eine Vielzahl von weiteren Teilchen entdeckt worden, die nach mehr oder weniger kurzer Lebensdauer wieder zerfallen, weil sie offensichtlich die grundlegenden Stabilitätsbedingungen nicht erfüllen.

Der Zusammenhang zwischen Energie und Materie ist seit $E=mc^2$ gesicherter Kenntnisstand.

Das Ur-Medium, die Vakuumenergie, ist wegen fehlender Körnung ein reines Analogfeld.

Nur über die Quantisierung der ursprünglich hoch verdichteten VE war es möglich, Teilchen zu bilden, die sich dann zu Atomen und den Elementen vereint haben, mit denen die nahezu unendliche Vielfalt der Natur und des Lebens gebildet werden konnte.

Daraus sind auch die kleinen und größeren Ansammlungen von Materie und schließlich die Himmelskörper und Galaxien entstanden.

Bei den kleinen Dimensionen, auf Atom- und Molekularebene, bestimmt die Quantenphysik die Verhaltensregeln der Materie. Bei größeren Ansammlungen verschwindet jedoch die Individualität der Teilchen in der Menge und geht wieder wie beim Energiefeld der VE in ein analoges Verhalten über.

Um sich eine Vorstellung davon machen zu können, wie die Größenverhältnisse in einem Atom sind, soll etwa ein Wasserstoffatom, bestehend aus einem Proton als Atomkern und einem Elektron als Elektronenschale drum herum, zum Vergleich mit einer alltäglichen Größe dargestellt werden.

Wenn das Proton die Größe einer Erbse mit etwa 5mm Durchmesser hätte, dann würde das Elektron in der Größe eines Mohnkörnchens (die wirkliche Größe ist noch unbekannt) seine Bahn auf einen Kreis von etwa 300m (Metern!) Durchmesser ziehen. Bei den Atomen der anderen Elemente sind die Größenverhältnisse ähnlich, wobei dann der Atomkern etwa die Größe einer Kirsche hätte und die Elektronenbahnen dann sogar bis doppelt so groß wie bei der Erbse wären.

Das Beispiel zeigt, dass Materie überwiegend aus Zwischenraum und nur zu einem winzigen Teil aus der konzentrierten Energie der Materieteilchen besteht.

Wäre der Raum tatsächlich leer oder so extrem schwach gefüllt wie mit dem Higgs-Feld oder der Nullpunktsenergie, dann wären die Energieknötchen der Elementarteilchen in dem Nichts ebenfalls recht orientierungslos, bestenfalls gehalten von den elektromagnetischen Elementarladungen. Die Atome mit den Elektronenorbits wären dann auch recht fragile Gebilde und hätten wohl nicht die bekannte Stabilität. Es muss also etwas geben, das diesen Knötchen für ihr reales Dasein so etwas wie eine Basis, eine gewisse Körperlichkeit verleiht. Und weil rundum nichts anderes da ist, ist mit hoher Wahrscheinlichkeit eine Interaktion mit dem Feld der Vakuumenergie zu erwarten. Das kann jedoch kein feiner Hauch eines Energiefeldes wie dem Higgs-Feld mit seiner Nullpunktsenergie sein, sondern es muss schon etwas Handfesteres sein, etwa so, wie die Vakuumenergie in der Quantenphysik postuliert wird.

Erst eine Interaktion der Elementarteilchen mit einer solchen Vakuumenergie hoher Dichte ermöglicht dann die Schwerkraftwirkung und Massenträgheit.

Schwerkraft, Gravitation

Die Wirkung der Schwerkraft ist ständig präsent, ohne Unterbrechung mit gleichbleibender Wirkung. Und ist ganz grundlegend für unsere Existenz.

Alle Elementarteilchen, aus denen die Elemente und die Materie besteht, sind der Schwerkraft oder auch Gravitation unterworfen, völlig neutral und unabhängig vom Ladungszustand.

Sie ist ständiger Bestandteil unseres Lebens, aber niemand hat bis heute eine überzeugende Erklärung, durch was diese Kraftwirkung erzeugt wird.

Nach der Allgemeinen Relativitätstheorie (ART) von Albert Einstein entsteht die Gravitation durch eine „Raum-Zeit-Krümmung". Die ART beschreibt mit der Differential-Geometrie das Verhalten eines Raum-Zeit-Gefüges, in dem sich Materie befindet. Das ist eine abstrakte mathematisch-geometrische Aussage, aber sie sagt nichts über das Medium, die Substanz aus, mit der diese Wechselwirkungen der gegenseitigen Anziehung von Materie stattfindet.

Die Erklärung „Krümmung der Raumzeit" in der ART ist keine überzeugende Erklärung. Damit wird dem Raum, also dem Platz, in dem sich alles abspielt, eine völlig irrationale Eigenschaft zugeschrieben. Sie ist sozusagen aus der Luft gegriffen.

Niemand hat bisher einen "gekrümmten Raum" nachgewiesen.

Es muss eine andere Erklärung für das Wesen der Schwerkraft und auch der Trägheit geben.

Die Wirkung der Schwerkraft ist jedoch mit der ART hervorragend genau beschrieben und vielfach überprüft worden. Deshalb ist es vorstellbar, dass sie als mathematische Theorie auch auf ein anderes „Medium" mit exakt gleichem Verhalten anwendbar ist.

Da die Schwerkraft durch das Vorhandensein von Materie in Erscheinung tritt, liegt der Gedanke nahe, dass sie durch eine Interaktion mit einem weniger abstrakten Medium des umgebenden Raumes, der Vakuumenergie zustande kommt.

Die Gravitation ist auch bei allerkleinsten Teilchen, z.B. dem Elektron wirksam. Deshalb kann man davon ausgehen, dass im

Gegensatz zu den elektromagnetischen Kräften keine Einrichtung in den Elementarteilchen enthalten ist, das diese Gravitationskraft erzeugt.

Jedes Teilchen, das im Feld der VE schwebt, ist ein Knoten konzentrierter Energie.

Dieser Knoten stört die gleichmäßige Energieverteilung im Feld.

Das Feld reagiert zum Ausgleich mit einer Feldabschwächung zum Teilchen hin, also mit einer Energiesenke und kompensiert damit die mittlere Energiedichte. Die Energiesenke erfolgt kugelsymmetrisch um das Teilchen herum, in der Weise, dass in jeder gedachten Kugelschale die Felddichte um die gleiche Energiemenge in Richtung auf das Teilchen hin abnimmt. Die Felddichte nimmt also demnach mit dem Radius im Quadrat bis zur Oberfläche des Teilchens ab, im gleichen Maß, in dem auch die Oberfläche der Kugelschale in völlig analoger Weise abnimmt.

Diese quadratische Funktion kommt in der Natur häufiger vor.

Als Beispiel kann eine Lichtquelle dienen, wobei sich die Abnahme der Helligkeit mit zunehmendem Abstand genau umgekehrt verhält. Eine Lichtquelle beleuchtet zum Beispiel eine Fläche von 1m² im Abstand 1m und erzeugt dabei die Beleuchtungsstärke von 1 Lux. Wird die Fläche nun im Abstand 2m aufgestellt, dann ist die Beleuchtungsstärke nicht ½ Lux, sondern nur ¼ Lux, weil sich nun das Licht auf 2m x 2m=4m² verteilt. Bei 3m sind es 3x3=9m² und damit nur 1/9 Lux. Umgekehrt hat man im Abstand ½ m dann 4 Lux Helligkeit.

Bei einer Kugeloberfläche verhält es sich genauso, doppelter Durchmesser hat 4-fache Oberfläche.

Licht hat die Besonderheit, dass es aus Lichtquanten, also Lichtteilchen besteht. Das einzelne Lichtquant teilt sich nicht auf, es bleibt ganz. Aber die Anzahl der Lichtquanten verteilen sich mit zunehmendem Abstand auf die größere Fläche und damit wird der Helligkeitseindruck entsprechend geringer. Nur deshalb ist es möglich, weit entfernte Sterne zu sehen, man muss nur genügend Lichtquanten einfangen und macht deshalb die Teleskopspiegel so groß wie möglich, um genügend Helligkeit zu Sehen zu bekommen.

Die Schwerkraft oder Gravitation verhält sich nach genau derselben Abstandsregel, doppelter Abstand zweier Körper ergibt ¼ der Anziehungskraft, das bekannte Gravitationsgesetz.

Dabei hat die Gravitation aber als Kraftfeld keine Teilchen, sondern ist ein Analogfeld und wirkt statisch völlig gleichförmig bis zum kleinsten Teilchen.

Wie kommt diese Kraftwirkung nun zustande?

Angenommen, ein Teilchen schwebt im Raum, umgeben von der überall präsenten Vakuumenergie. Die Vakuumenergie reagiert auf die konzentrierte Energie des Teilchens mit einer Energiesenke um das Teilchen herum und stellt damit das Energiegleichgewicht der VE in der Umgebung des Teilchens wieder her.

Die Form der Absenkung erfolgt nach der bekannten quadratischen Funktion mit dem Radius des Abstandes, wie oben schon beschrieben.

Der Grad der Abschwächung ergibt sich durch die Menge der im Teilchen gebundenen VE.

Die Reichweite der Abschwächung ist theoretisch unbegrenzt, praktisch nähert sie sich mit zunehmendem Abstand vom Teilchen wegen der quadratischen Abnahme wieder der normalen Energiedichte und nimmt dabei relativ schnell mit ihrer Wirkung ab.

Bei einer Ansammlung von Teilchen addiert sich die Wirkung der Feldabschwächung und die Reichweite wird entsprechend größer.

Jedes Teilchen ist durch die Energiesenke an die umgebende allgegenwärtige VE gekoppelt.

Der Felddichteausgleich ist eine analoge statische Funktion, eine Gradienten-Sphäre, also gewissermaßen eine Aura um das Teilchen.

Es ist kein Austauschteilchen, kein Graviton oder ähnliches dabei erforderlich oder beteiligt.

Die bekannte Unvereinbarkeit zwischen Gravitationstheorie und Quantentheorie löst sich von selbst dabei auf, weil sich eine Quantisierung der Gravitation aus der im Elementarteilchen gebundenen Energiemenge ergibt. Eine Theorie der Quantengravitation ist dazu

nicht nötig und ist wegen des analogen statischen Verhaltens der Gradienten-Sphäre auch nicht sinnvoll.
Auch die quadratische Abnahme der VE-Dichte zum Teilchen hin endet an dessen Grenzfläche.
Innerhalb des Teilchens gelten andere Funktionen und Regeln.

Das Teilchen schwebt also umgeben von ihrer Sphäre im VE-Feld kräftefrei im Raum, umgeben und durchdrungen von der allgegenwärtigen Vakuumenergie.
Kommen sich zwei Teilchen in die Nähe, so ist die Felddichte auf den zugewandten Seiten wegen den Energiesenken geringer als auf den Außenseiten und dadurch werden die Kugelschalen der Felddichte verformt und in Richtung der Teilchen auseinandergezogen.
Dadurch entsteht eine Zugkraft, die die Teilchen aufeinander beschleunigt zubewegt, was auf den Außenseiten einer Druckkraft gleichkommt. Die Lageenergie wird dabei in Bewegungsenergie umgewandelt. Beim Zusammentreffen der Teilchen erfolgt die Umwandlung der Bewegungsenergie in Wärmeenergie, die ja ebenfalls eine Form der Bewegungsenergie ist.
Die beiden Teilchen haben jetzt eine Sphäre oder Energiesenke, die sie gemeinsam umschließt.
Zum Trennen der Teilchen muss diese abgegebene Energie wieder aufgewendet werden, um aus der Senke wieder herauszukommen.

Befindet sich ein kleineres Teil, beispielsweise ein Stein, in der Nähe eines größeren Teiles wie etwa der Erdkugel, dann wird die eigentlich kugelförmige Gradienten-Sphäre des Steines in der Gradienten-Sphäre der Erdkugel verzerrt. Zur Erde hin wird die Steinsphäre gezogen, weil dort die VE-Dichte der Erdsphäre geringer ist als auf der abgewandten Seite. Es entsteht deshalb ein Dichteunterschied zwischen zugewandter und abgewandter Seite des Steines, was sich in einer Kraftwirkung bemerkbar macht. Der Stein wird damit zur Erde hin beschleunigt, er fällt mit zunehmender Geschwindigkeit, bis er auf der Erdoberfläche auftrifft.

Aber damit hört ja die Verformung seiner Sphäre nicht auf, sie bleibt als statische Anziehungskraft bestehen, was landläufig als Schwerkraft oder Gravitation bezeichnet wird.
Jedes einzelne Atom des Steines erfährt diese Anziehungskraft, die Summe dieser Kräfte wird als Gewicht bezeichnet. Und weil eine kleinere Erde (z.B. der Mond) in Summe seiner Teilchen auch eine geringere Feldabschwächung erzeugt, ist das Gewicht des genannten Steines auf dem Mond entsprechend geringer als auf der Erde.
Das kann mit dem bekannten Gravitationsgesetz berechnet werden.

Die Gravitation ist damit keine Kraft, die von der Materie selbst ausgeht, sondern eine Reaktion des allgegenwärtigen Feldes der VE auf die Materie und kann nur anziehend wirken.
Sie wirkt auf alle Teilchen unabhängig von deren elektrischer Ladung.
Sie kann auch nicht abgeschirmt werden, zumindest nicht mit Abschirmungen, die aus Materie bestehen, weil die VE alles durchdringt, also auch den Zwischenraum zwischen Elektronenschale und Atomkern und damit selbst dichte Materie auf die VE wie ein Fliegengitter wirkt.

Die Masse eines Atoms ist im Wesentlichen im Atomkern konzentriert, der Atomdurchmesser wird durch die Elektronenschalen bestimmt. Bei einem Wasserstoffatom ist der Kern, ein Proton, fast 2000 mal massereicher als das Elektron der Schale, bei einem Sauerstoffatom ist das Verhältnis wegen der Neutronen im Kern sogar fast 4000.
Die Gravitationswirkung des Atomkerns ist jedoch beim Durchmesser, also der Elektronenschale, wegen der quadratischen Abnahme bereits etwa 4 Milliarden mal geringer als beim Kern. Deshalb wird die Gravitationskraft als die kleinste der vier definierten Grundkräfte bezeichnet. In der Wirkung ist sie aber dominant, weil sie mit der Zahl der Atome eines Körpers addiert wird und nicht neutralisiert, wie es bei den elektrischen Ladungen erfolgt.

Massenträgheit

Befindet sich nun ein Teilchen (gleich, ob ein Atom, ein Stein oder ein Himmelskörper) im Raum, weitab von anderen Teilchen, dann schwimmt es sozusagen in dem allgegenwärtigen Meer von Vakuumenergie. Es merkt auch nichts von einer Bewegung oder Geschwindigkeit, weil die VE wegen ihrer Suprafluidität keinen Reibungswiderstand entgegensetzt, sondern das Teilchen gewissermaßen umspült.

Um das Teilchen hat sich wie beschrieben, die kugelförmige Gradienten-Sphäre gebildet, zum Teilchen hin mit abnehmender Dichte, einer Senke in der VE.

Es schwimmt daher kräftefrei in der umgebenden VE, ist dabei aber durch die Reichweite der Sphäre mit dem VE-Feld vernetzt.

Wirkt nun eine äußere Kraft auf der einen Seite auf das Teilchen, dann wird das umgebende Gradienten-Feld in Kraftrichtung gestaucht, von dort, wo die Kraft herkommt aber gedehnt.

Die VE ist nun bestrebt, das kugelförmige Gradienten-Feld wieder herzustellen, kann das aber nicht schlagartig tun, sondern nur mit begrenzter Geschwindigkeit und setzt der Stauchung damit einen Widerstand entgegen. Der Widerstand ist proportional abhängig von der im Teilchen gespeicherten Energiemenge, also auch der Anzahl seiner Atome, und der Stärke der Schubkraft. Durch die Kraft setzt sich das Teilchen in Bewegung, in jeder Sekunde nimmt die Geschwindigkeit um den gleichen Betrag zu, das Teilchen bewegt sich dabei immer schneller, es wird beschleunigt.

Mit Beendigung der Schubkraft erhält die Sphäre schnell ihre kugelförmige Gestalt wieder.

Die Massenträgheit entsteht also durch Verschiebung des Massenmittelpunktes gegenüber dem umgebenden Gradienten-Feld und macht sich nur bei Beschleunigungen, also einer Kraftwirkung auf das Masseteilchen bemerkbar. Die Geschwindigkeit ist einem Schwimmen im VE-Feld vergleichbar, erzeugt keine Verformung der Teilchensphäre und damit keine Wirkung. Das Teilchen bewegt sich nun mit der zuletzt erreichten Geschwindigkeit gleichmäßig weiter, entsprechend dem bekannten Bewegungsgesetz.

Der Widerstand, den das Teilchen seiner Geschwindigkeitsveränderung entgegensetzt, nennt man Massenträgheit. Die Massenträgheit wird durch die Verformung des Gradienten-Feldes der VE um das Teilchen hervorgerufen, also nach derselben Wirkungsursache wie die oben beschriebene Gravitationswirkung. Deshalb sind sich beide Wirkungen äquivalent, was unter dem Namen Äquivalenzprinzip bekannt ist.

Für die Beschleunigung des Teilchens mit der Kraft ist ein Energieaufwand nötig, die erreichte Geschwindigkeit des Teilchens ist Bewegungsenergie. Für das Abbremsen des Teilchens muss die gleiche Energie in entgegengesetzter Richtung aufgewendet werden.

Warum gleitet nun ein Teilchen mit gleichmäßiger Geschwindigkeit ohne Widerstand im Gegensatz zur Beschleunigung, bei der Kraft nötig ist?

Zur besseren Verständlichkeit soll eine ideale Flüssigkeit dienen, die reibungsfrei, also suprafluid ist und homogen, also keine Teilchen hat. Darin soll sich ein kugelförmiges Teil bewegen. Die Flüssigkeit soll eine hohe Dichte haben und entsprechend unter Druck stehen.

Solange Flüssigkeit und Kugel in Ruhe sind, wirkt der Druck auf die Kugel rundum gleichmäßig und nichts tut sich.

Bewegt sich die Kugel gleichmäßig in der ruhenden Flüssigkeit, dann drückt die Kugel vor sich die Flüssigkeit weg, wozu eine Kraft nötig ist. Die Flüssigkeit gleitet um die Kugel herum und schließt sich wegen des Druckes dahinter wieder. Dazu ist etwas Zeit nötig.

Damit wird auf die Hinterseite ein Druck ausgeübt, eine Kraft, welche die Kugel vorwärts schiebt. Weil die Flüssigkeit suprafluid ist, entsteht kein Reibungsverlust und die beiden Kräfte gleichen sich exakt aus. Die Kugel schwimmt mit gleichbleibender Geschwindigkeit weiter.

Wird die Kugel nun durch eine äußere Kraft angeschoben, dann steigt ihre Geschwindigkeit. Die Flüssigkeit gleitet um die Kugel herum. Weil sich aber die Kugel jetzt schneller bewegt hat als die Flüssigkeit, entsteht hinter der Kugel ein Abstand, der eine

Druckminderung zur Folge hat. Der Druck kann sich nicht unmittelbar ausgleichen und setzt damit der Geschwindigkeitssteigerung einen Widerstand entgegen, die Trägheitskraft. Solange die äußere Kraft wirkt, wird die Geschwindigkeit der Kugel gesteigert, sie wird beschleunigt. Hört die äußere Kraft auf, dann schwimmt die Kugel mit der neuen Geschwindigkeit weiter.

Die nötige äußere Kraft nimmt proportional mit der Masse und der Beschleunigung zu.

Mit der Vakuumenergie anstelle der Flüssigkeit läuft der Vorgang in gleicher Weise ab, wobei neben der Massenträgheit die Gravitation einer dauerhaften Beschleunigung gleichkommt.

Im Standardmodell wird ebenfalls ein alles durchdringendes Kraft- oder Energiefeld postuliert, das Higgs-Feld. Dieses Higgs-Feld bezieht sich auf den Higgs-Mechanismus und einem Teilchen, dem Higgs-Boson und ist wohl nur mit Mathematik zu verstehen.

Mit der oben beschriebenen Vakuumenergie ist kein Teilchen erforderlich, um die Wirkung von Gravitation und Massenträgheit zu erklären.

Es ist eine fundamentale Wirkung der VE auf das Vorhandensein von Materie.

Jedes Teil, das frei im Raum schwebt, ist gleichermaßen der Massenträgheit ausgesetzt.

Wäre der Raum wirklich leer, wie es ja durch die Abschaffung des Äthers postuliert wurde, dann könnten Teilchen durch eine beliebig lange wirkende Kraft ja auch auf eine beliebig hohe Geschwindigkeit beschleunigt werden, nichts würde es daran hindern.

Es gäbe dann auch keine wie oben beschriebene Schwerkraftwirkung und damit auch keine Massenträgheit. Man könnte sagen, das Universum funktioniert dann nicht.

Fliehkraft

Die Fliehkraft ist nur eine andere Erscheinungsform der Massenträgheit.

Wird ein sich geradlinig bewegendes Teilchen durch eine von der Seite wirkende Kraft aus seiner Bahn gedrängt, so erfolgt eine Verformung der Gradienten-Sphäre. Die setzt der Verformung einen Widerstand entgegen, wie oben beschrieben. Die Kraft ist eine Querbeschleunigung und erzeugt eine zunehmende Bahnabweichung, solange sie wirkt.

Nach Beendigung der Seitenkraft bewegt sich das Teilchen wieder geradlinig in der neuen Richtung weiter.

Die Kreisbewegung ist dabei ein Sonderfall. Nehmen wir als Beispiel eine Kugel an einem Seil, das am anderen Ende an einer Drehachse befestigt ist. Für das Ingangsetzen der Drehung ist Arbeit nötig, die Beschleunigungsenergie. Bei gleichmäßiger Drehung der Kugel am Seil ist eine Zugkraft im Seil wirksam, welche die Kugel ständig in eine Kreisbahn zieht. Die VE-Sphäre der Kugel ist dabei ständig gleich verformt und erzeugt dadurch eine ständig nach außen wirkende Kraft, um die Sphäre wieder kugelrund zu machen, die Fliehkraft.

Weil sich die Zugkraft im Seil und die Fliehkraft genau ausgleichen und sich der Bahnradius nicht ändert, ist dafür genauso wie bei der geradlinigen Bewegung keine zusätzliche Energie nötig. Die Kugel würde sich ständig weiterdrehen, wenn sie nicht durch Lagerreibung, Luftwiderstand oder ähnliches abgebremst wird. Sollte das Seil reißen, dann fliegt die Kugel ab diesem Moment tangential geradeaus weiter.

Für eine Drehzahlerhöhung ist zusätzlich Energie nötig, die man beim Abbremsen wieder zurückerhält. Wird das Seil kürzer, dann erhöht sich die Drehzahl, die Bahngeschwindigkeit und damit die Energie, der Drehimpuls bleibt gleich. Das ist alles nach den Gesetzen der Dynamik bekannt.

Bei einem Himmelskörper wird die Funktion des Seiles durch die Sphäre des Himmelkörpers übernommen, wie oben bei Gravitation beschrieben. Der Himmelskörper und der Satellit ziehen sich gegenseitig an, die Fliehkraft drückt den Satellit nach außen, der sich damit auf einer Kreisbahn um den Himmelskörper bewegt, bei der Anziehungskraft und Fliehkraft ausgeglichen sind. Der Satellit fällt sozusagen ständig um den Himmelskörper herum. Weil keine weitere Kraft auf den Satelliten wirkt, bewegt er sich auf einer stabilen Bahn gleicher Energiedichte der Sphäre um den Himmelskörper, also auf einer „Isobare" der Sphäre. Auch die Erde zieht ihre Kreise auf einer solchen Isobare der Sonne. Die Umlaufbahn kann dabei auch elliptisch sein, wobei die der Mittelwert der Bahnenergie des Satelliten gleichbleibt und zwischen Lageenergie und Bewegungsenergie pendelt, wie das in den Keplerschen Gesetzen beschrieben ist.

Sind weitere Himmelkörper in der Nähe, dann kann die Bahn durch Überlappung der jeweiligen Gradienten-Sphären etwas „verbogen" werden und damit auch die Isobare.

In der Relativitätstheorie wird das als Raumkrümmung bezeichnet.

Allgemeine Relativitätstheorie

In der Allgemeinen Relativitätstheorie (ART) werden Schwerkraft-
felder als Krümmung des Raumes beschrieben. Dem Raum wird
damit eine Eigenschaft zugeschrieben, die jeder Grundlage entbehrt.
Sie wurde von Einstein quasi aus der Luft gegriffen, weil er
vielleicht durch die Abschaffung des Äthers keine andere Möglichkeit mehr hatte.
Der Begriff „Raum" ist durch keine andere Eigenschaft bestimmt,
außer dass er eben als „Nichts" vorhanden ist und das in unbegrenzter Größe als Platz, in dem sich alles abspielt.
Er muss auch nicht als Raumausdehnung erst erzeugt werden, wie
das in der ART postuliert wird. Die beim Urknall entstandene
Energieblase der Vakuumenergie, die nun das ganze beobachtbare
Weltall erfüllt, dehnt sich durch ihren Energiedruck aus und fließt in
den leeren Raum hinein ab. Weil der Energiedruck ständig wirkt,
wird die Ausdehnung beschleunigt, wie das von Edwin P. Hubble
beobachtet wurde. Eine „Dunkle Energie" ist dazu nicht nötig. Es
kann angenommen werden, dass die Energiedichte der VE und
damit der Energiedruck an den Ausdehnungsrändern abnimmt, sich
also ausgedünnt hat und dadurch die Ausdehnungsgeschwindigkeit
verringert wird. Die Hubble-Konstante müsste da nochmals über-
dacht werden.
Ebenso kann angenommen werden, dass die Menge der VE konstant
bleibt und sich deshalb die Energiedichte und damit der Energiedruck im Lauf der Zeit wegen der beobachteten Ausdehnung verringert. Allerdings wird sich das wegen der schieren Größe des Weltalls wohl erst in Milliarden von Jahren bemerkbar machen und ist
deshalb in menschlichen Zeiträumen kaum messbar.

Die ART ist auf der Grundlage der Riemann'schen Differential-
geometrie aufgebaut, hat also als mathematisches Gebilde keinen
direkten Realitätsbezug und ist deshalb weitgehend unabhängig von
der Anwendung oder dem Material, auf das sie angewendet wird.
Es bietet sich daher an, sie auf eine andere Betrachtungsweise
anzuwenden, die sich völlig analog dazu verhält. Der Formalismus

kann deshalb auch auf die hier beschriebene Hypothese angewendet werden, indem statt der Krümmung des Raumes eine gleichgeartete Krümmung

des Gradienten-Feldes der VE, also den „Isobaren" der gleichen Energiedichte in der Sphäre um die Materie eingesetzt wird. Die Krümmung der Isobaren ergibt sich dabei aus der kugelsymmetrischen Senke der VE in Richtung zum Materieschwerpunkt. Überlappen sich die Sphären mehrerer Körper, dann ergeben sich asphärische Verläufe der Isobaren.

Himmelskörper, Planeten und Satelliten bewegen sich auf Bahnen gleicher Isobaren, weil ein Verlassen des Energieniveaus einer Isobare einen Energieaufwand in Form einer Kraft erfordert. Auch elliptische Bahnverläufe mit ihrem Wechselspiel zwischen Bewegungsenergie und Lageenergie, wie sie durch die Keplerschen Gesetze bekannt sind, bleiben im Mittel an die Isobare gebunden, solange keine äußeren Einflüsse dazukommen. Die Bahnen können dann schnell mal zum Berechnen recht kompliziert werden oder sogar instabil. Man denke da nur an das bekannte Dreikörperproblem. Aber die Bahnverläufe sind ja konform mit den Berechnungen aus der ART, vielleicht mit kleinen Korrekturen, falls sich herausstellen sollte, dass die Lichtgeschwindigkeit keine allgemeine Konstante ist, wie derzeit angenommen wird.

Bei aller Hochachtung für die Leistung, die Einstein in der damaligen Zeit um 1906 und 1916 mit der Speziellen und der Allgemeinen Relativitätstheorie geleistet hat, sie sind Segen und Fluch zugleich. Ein Segen, weil mit der Differentialgeometrie das Verhalten der Gravitation genau beschrieben wurde und sich in vielen Tests als korrekt bestätigt hat, ein Fluch, weil wegen der erfolgreichen Tests und der Mathematik dazu nahezu ein Denkverbot für die Wissenschaftler entstanden ist und kaum jemand die getroffenen Annahmen ernsthaft hinterfragt. Bis heute ist deshalb nicht geklärt, was die reale Ursache von Gravitation ist. Raumkrümmung ist da ein ziemlich irrationaler Begriff. Zudem wird für Veröffentlichungen durch die Rezensenten ein Filter aufgebaut, das fast jede neue Idee verhindert. Es heißt, selbst die bahnbrechenden Artikel von Einstein kämen da heutzutage nicht mehr durch. Gut, es ist viel Spreu dabei, aber die zahlreichen Biografien der Vergangenheit zeigen doch, dass auch Laien und Autodidakten manches Weizenkorn gefunden haben. Ignoranz statt Diskussion ist da keine so gute Lösung.

Lichtgeschwindigkeit

Mit den Michelson-Morley-Versuchen sollte geprüft werden, ob sich die Lichtgeschwindigkeit in Richtung der Erdumlaufbahn zu der Bahngeschwindigkeit addierte und somit schneller wäre als quer dazu. Das war nicht der Fall, die Lichtgeschwindigkeit war in allen Richtungen gleich schnell und es trat kein Mitzieheffekt auf. Damit fiel auch die Äthertheorie. Die Versuche haben gezeigt, dass Licht nicht von einer Ätherströmung beeinflusst wird, aber sie haben nicht bewiesen, dass es keinen Äther gibt. Einstein hatte daraufhin den Äther als Trägermedium für das Licht als nicht existent postuliert. Aber er hatte dabei auch seine Zweifel, wie oben schon beschrieben. Und er steckte in der Klemme. Er hatte nun nichts mehr, an dem er seine Theorie der Gravitation festmachen konnte. Da blieb ihm nur noch die Möglichkeit, dem Raum selbst die geometrischen Eigenschaften der ART in Form einer Raum-Krümmung zuzuschreiben.

Um zu testen, ob in einem Magnetfeld ein Mitzieheffekt zu beobachten ist, indem zur Lichtgeschwindigkeit die Strömung der Magnetfeldlinien hinzuaddiert werden, habe ich einen Versuch mit einem Interferometer aufgebaut. Dabei wurden der Strahl eines Rotlichtlasers gesplittet und die beiden Strahlen durch je eine 0,5m lange Hohlspule geführt. Auf dem Schirm am Ausgang zeigte sich wie erwartet das Überlagerungsbild aus den Hell-Dunkel-Streifen. Mit Strom durch die eine Spule war am Überlagerungsbild keine Änderung erkennbar, auch das Bestromen der anderen Spule in gleicher Richtung änderte daran nichts. Ebenso zeigte ein Wechsel der Stromrichtung bei der einen Spule keine Wirkung, auch nicht bei der anderen Spule oder beiden. Wenn man von der Annahme ausgeht, dass der magnetische Fluss eine dynamische Eigenschaft der Vakuumenergie ist, im Gegensatz zu der statischen Eigenschaft, mit der die Gravitationswirkung erzeugt wird, dann zeigt das Experiment genauso wie beim Michelson-Versuch, dass die Lichtgeschwindigkeit von einer Bewegung oder Strömung der VE nicht beeinflusst wird. Die Lichtgeschwindigkeit ist somit ausschließlich nur von der lokalen Dichte der VE abhängig und damit in jeder Richtung gleich.

Licht ist als Energiequant eine elektromagnetische Wellenerscheinung, ein Photon, und hat keine Ruhemasse. Es kann sich deshalb mit der maximalen Geschwindigkeit im Raum bewegen, der Grenzgeschwindigkeit „c". Das gilt ganz allgemein für elektromagnetische Wellen, wobei das sichtbare Licht nur ein kleiner Ausschnitt im Spektrum von langwelligen Funkwellen bis hin zur ultrakurzwelligen Gammastrahlung ist.
Licht wird durch Wechselwirkung mit Teilchen und Materie erzeugt, es ist demnach eine Sekundärerscheinung der VE. Je nach der Wellenlänge kann die elektromagnetische Welle durch einen Schwingkreis erzeugt und durch eine Antenne abgestrahlt werden oder sie kann als Lichtquant, als Photon von angeregten Elektronen aus der Atomhülle emittiert werden. Es kann auch als kurzwellige Röntgenstrahlung beim Auftreffen von schnellen Elektronen auf eine Metalloberfläche entstehen, bei nuklearen Vorgängen wie Kernspaltung oder auch als Sekundärstrahlung beim Auftreffen schneller Partikel auf Materie im Weltall.
Zur besseren Anschaulichkeit bezieht sich die weitere Betrachtung auf Licht im sichtbaren Spektralbereich, die Beschreibung gilt natürlich für alle elektromagnetischen Wellen.

Eine Lichtwelle ist ein Quantum Energie, das sich im Vakuum, also im luftleeren Raum, geradlinig mit „c" fortbewegt. Ein solches Lichtquant, ein Photon, hat dabei Eigenschaften wie ein Partikel, es wird auch auf großen Entfernungen nicht zerstreut. Man könnte fast meinen, das Quantum Energie eines Photons rotiert in einer Ebene im Kreis, vergleichbar mit
einer Frisbee, und bewegt sich mit maximaler Geschwindigkeit vorwärts. Ein Hinweis auf eine solche Schwingungsebene ist auch die Polarisation von Licht, bei der Lichtwellen mit gleicher Schwingungsebene bei einem schmalen Spalt durchgelassen, quer dazu aber gesperrt werden. Zirkular polarisiertes Licht scheint sich

dann nicht in Rotationsrichtung, sondern quer dazu schraubenartig in Achsrichtung fortzubewegen.

Wegen der Partikeleigenschaft eines Photons kann man das Licht von sehr weit entfernten Sternen noch sehen. Weil sich aber das Licht einer Lichtquelle in einem bestimmten Abstrahlwinkel verteilt, werden die einzelnen Photonen mit zunehmender Entfernung auf eine im Quadrat zunehmende Fläche verteilt. Der Helligkeitseindruck nimmt dabei entsprechend ab.

Deshalb müssen z.B. Teleskope möglichst große Spiegel haben, damit genügend Photonen eingefangen werden. Die Abstrahlung elektromagnetischer Wellen von einer Antenne erfolgt in gleicher Weise, doppelter Abstand ergibt ein Viertel der Feldstärke.

Bei einem Laser kann der Abstrahlwinkel sehr klein gehalten werden, im Idealfall werden die Photonen parallel abgestrahlt. Dadurch ergibt sich eine große Reichweite des Lichtstrahles.

Licht, also elektromagnetische Wellen werden von der VE fast nicht beeinflusst, erst die Lichtgeschwindigkeit setzt da eine Grenze. Sie werden auch von Magnetfeldern nicht abgelenkt, was für eine elektromagnetische Welle eigenartig erscheint. Einzig bei polarisiertem Licht kann die Polarisationsebene im Magnetfeld gedreht werden, wie Faraday bereits im Jahr 1845 entdeckt hat. Außerdem scheint der Wirkungsquerschnitt von Lichtquanten sehr klein zu sein, sodass sich aus unterschiedlichen Richtungen aufeinander treffende Lichtstrahlen ohne gegenseitige Behinderung durchdringen können.

Das ermöglicht in der Optik ungestört sich kreuzende und durchdringende Strahlengänge.

Warum hat die Lichtgeschwindigkeit aber nun gerade den Wert von ca. 300000 km/s?

Das legt den Gedanken nahe, dass die Grenzgeschwindigkeit c eine "Materialkonstante" der VE-Dichte ist und keine allgemeine Konstante, sondern von der lokalen VE-Dichte abhängig ist. Bei geringerer VE-Dichte ist dann auch die Lichtgeschwindigkeit geringer.

Und kurz nach dem Urknall war sie dann in der Expansionsphase entsprechend vielfach höher. Die Lichtgeschwindigkeit in einem Medium (Gas, Flüssigkeit, Festkörper wie Glas) ist bekanntermaßen geringer als im Vakuum und wird mit dem Brechungsindex n definiert.

Die Wellenlänge z.b. einer grünen Lichtwelle ist zur Größe eines Wasserstoffatoms etwa 5000fach größer. Der Raum zwischen Elektronenhülle und Atomkern ist gewaltig im Verhältnis zur Größe der Elementarteilchen, er besteht praktisch nur aus Raum, gefüllt mit VE, die in ihrer Dichte in Richtung auf den Atomkern hin exponentiell abnimmt, wie oben beschrieben.

Damit kann man davon ausgehen, dass sich für den Durchgang der Lichtwelle durch das materielle Medium eine mittlere VE-Dichte ergibt, die dem Brechungsindex n entspricht.

Es ist auch zu erwarten, dass die Lichtwelle sich ziemlich unge-hindert durch den Raum zwischen Atomkern und Elektronenhülle hindurchbewegt, in dem die VE-Dichte zwischen den mehr oder weniger dicht gepackten Atomen reduziert ist und das Licht sich deshalb aufgrund der reduzierten VE-Dichte langsamer bewegt.

Treffen Lichtquanten mit passender Frequenz auf Elektronen der Atomhülle, dann können die Elektronen angeregt werden und die Energie des Photons aufnehmen. Das materielle Medium wird dann undurchsichtig und erwärmt sich oder es strahlt Licht von den Elektronen wieder ab. Es ist eher unwahrscheinlich, dass Licht beim Durchgang durch optische Medien über die Elektronenschalen erfolgt, weil da eine hohe Streuung der Lichtquanten zu erwarten wäre.

Dazu müsste der Austrittswinkel aus der Elektronenschale immer exakt dem Eintrittswinkel entsprechen, was aber nicht plausibel erscheint. Beobachtet wird nur die Lichtbrechung an der Eintritts-und Austrittsfläche eines klaren Glaskörpers, keine Streuung, mit der Ausnahme, dass unterschiedliche Wellenlängen des Lichts, also Farben, auch unterschiedlich stark gebrochen werden.

Das schließt aber eine Anregung der Elektronen durch Lichtquanten mit passender Frequenz nicht aus, wie es ja auch von Laseranwendungen her bekannt ist. Da wird durch mehrfache Spiegelung das Licht dann so aussortiert, dass nur parallel verlaufende Strahlen übrigbleiben.

Die Lichtgeschwindigkeit im Vakuum „c" wird aktuell als Grund-Konstante angenommen und dient als Bezugsgröße für die anderen Maßkonstanten. Nach der obigen Überlegung ändert sich aber auch die „Konstante" c, wenn sich die Dichte der VE ändert. Wir würden das jedoch nicht bemerken, weil kein wirklich absolutes Bezugsmaß verfügbar ist. Eine Änderung würde sich da auch bei den anderen Größen herausrechnen, weil „c" in den Maßeinheiten enthalten ist. Die Lichtgeschwindigkeit als Grund-Konstante zu verwenden, ist nach dieser Überlegung etwas fragwürdig. Im Nahfeld der Erde, die sich in einer Isobare bestimmter Energiedichte auf ihrer Bahn um die Sonne bewegt, wird sich bei „c" nicht bemerkbar viel ändern, aber in größeren Dimensionen, z. B. außerhalb der äußeren Planetenbahnen und stark abgeschwächten Schwerefeld der Sonne könnte das schon eine Rolle spielen.
Dort ist die VE-Dichte etwas größer und damit auch die Lichtgeschwindigkeit.
Andererseits wird sich die Dichte der VE durch die beobachtete Raumausdehnung und der riesigen Größe des Universums so langsam ändern, dass gemessen an menschlichen Zeiträumen „c" als Konstante durchaus akzeptabel sein kann. Es ist kein wirklich absoluter Maßstab in Sicht. Selbst wenn man „Zeit" als gleichmäßig fließendes (virtuelles) Medium annehmen würde, die Messung könnte auch bei Atomuhren von der VE-Dichte abhängig sein.
Ein Experiment zur Überprüfung wird auf der Erde nicht möglich sein, die Exzentrizität der Erdumlaufbahn ist da zu gering. Wenn man eine Messung in Sonnennähe, etwa bei der Umlaufbahn von Merkur und im Vergleich dazu eine Messung zwischen Marsorbit und Asteroidengürtel machen könnte, dann wäre vielleicht ein sehr kleiner Wert messbar.

36

Bei Sonnenfinsternissen wurde beobachtet, dass Licht im Schwerefeld der Sonne um die Sonne herum abgelenkt wird, wie das mit der ART von Einstein vorausgesagt wurde.

Das wird mit einer Raumkrümmung infolge des Gravitationsfeldes der Sonne begründet.

Nimmt man anstelle der Raumkrümmung die ebenfalls sphärisch gekrümmten Isobaren der VE-Sphäre an, wie oben beschrieben, dann entsteht die Ablenkung vielmehr durch Lichtbrechung bzw. Lichtbeugung nach den Regeln der Optik, wenn ein Lichtstrahl vom dichteren in ein dünneres Medium der VE übertritt. Das kommt daher, weil die Lichtgeschwindigkeit im dünneren Medium langsamer ist als im dichteren. Das wird in der Technik bei Glasfasern genützt, bei denen in der Mitte der Faser ein Glas mit größerem Brechungsindex vorhanden ist, das zum Rand hin in einen kleineren Brechungsindex übergeht, den Gradienten-Indexfasern. Dadurch wird der Lichtstrahl immer wieder zur Fasermitte hin abgebogen. Je dichter die Atome einer Materie gepackt sind, umso dünner wird wegen der sich überlappenden Sphären der Atome das Medium VE.

Die Lichtgeschwindigkeit ist dabei z. B. beim üblichen Fensterglas etwa 200.000 km/s.

In Nähe der Sonne die Dichte der VE geringer ist als bei größerem Abstand von der Sonne, wie oben unter Gravitation beschrieben, deshalb wird das Licht um die Sonne herumgebogen.

Eine in Sonnennähe vorhandene Gasatmosphäre spielt da kaum eine Rolle, das wurde schon von Einstein und Anderen abgeklärt.

Bei dem beobachteten Gravitationslinsen-Effekt tritt das Licht von der dichteren VE in ein verdünntes Gradienten-Feld um den Stern ein, wird umgelenkt und tritt unter dem leicht veränderten Winkel, dem Linseneffekt, wieder aus. Dabei wird das Licht zuerst nach Blau mit der kürzeren Wellenlänge verschoben und dann wieder nach Rot in die ursprüngliche Wellenlänge. Die Frequenz, also die Anzahl der Schwingungen pro Sekunde ändert sich dabei nicht. Das ist auch die Rotverschiebung einer Lichtwelle, die aus dem Schwerefeld eines Sterns in den freien Raum austritt. Diese, Dopplereffekt genannte Verschiebung zur längeren Wellenlänge hin erfolgt durch Energieverlust der Lichtwelle beim Übertritt von der energieärmeren Isobare um den Stern in den energiereicheren freien Raum. Oder anders herum, die Lichtwelle wird gestreckt, bei gleicher Frequenz, weil die Lichtgeschwindigkeit in der größeren VE-Dichte des freien Raumes höher ist.

Das Gleiche erfolgt auch beim Übertritt des Lichtstrahls von einem Bereich geringerer Lichtgeschwindigkeit in den Bereich höherer Lichtgeschwindigkeit. Beim Glas beispielsweise wird ein Lichtstrahl beim Eintritt gestaucht, also die Wellenlänge nach Blau verschoben, beim Austritt wird er wieder gedehnt auf die ursprüngliche Wellenlänge. Bei schrägen Lichteintritt entsteht beim Austritt die bekannte Lichtbrechung und einiges andere noch.

Licht bewegt sich in der VE immer mit der am Ort gültigen Lichtgeschwindigkeit „c".

Die ist wie beschrieben im Bereich geringerer VE-Dichte, also in der Umgebung von Materie geringer.

Geht von einem Ort Licht aus, dann bewegt es sich nach rechts oder links mit c.

Licht kann gar nicht anders, es ist immer mit der am Ort gültigen Lichtgeschwindigkeit unterwegs, gleich aus welcher Richtung. Die Strahlen sind zwar relativ zueinander mit 2c unterwegs, aber am Ort nur mit c, aber aus verschiedener Richtung beobachtbar. Kommen sich zwei Raumschiffe entgegen, dann erhalten sie das Licht des anderen ebenfalls mit der am Ort gültigen c, den relativen Bewegungsunterschied erkennen sie aber am Frequenzunterschied, dem Dopplereffekt.

Am Dopplereffekt ist erkennbar, mit welcher zusätzlichen Bewegungsenergie ein Lichtstrahl beladen ist und ob die Lichtquelle entgegenkommt oder sich entfernt.

Die Vakuumenergie ist im gesamten All präsent, aber nicht überall mit der gleichen Dichte.

Es gibt also auch im VE-Feld Strömungen durch Ausgleichsvorgänge, die ihre Zeit brauchen. Sie können entstehen durch Sternexplosionen, Galaxien, die sich gegeneinander verschieben oder auch durch Dichteunterschiede im Bereich von Millionen Lichtjahren.

Das Licht der fernen Sterne bewegt sich auf dem langen Weg von seiner Quelle durch diese Zonen, an Sternen und Galaxien vorbei und auch durch dünnes interstellares Gas. Dabei wird es von seinem geraden Weg abgelenkt, in Schwerkraftmulden taucht es ein und wieder heraus, wie Licht am Rand der Sonne, und in Gaswolken wird es ausgebremst. All das zehrt am Energiepotential der Photonen und bewirkt eine Rotverschiebung des Lichtes.

Mit der Hubble-Konstante wird über die spektrale Rotverschiebung errechnet, wie schnell sich die Sterne vom gerade noch beobachtbaren Rand von uns entfernen.

Es sind also mehrere Faktoren beteiligt, was diese Fluchtgeschwindigkeit nicht eindeutig, sondern unsicher macht. Zuerst ist da die sogar beschleunigte Ausdehnung des Weltalls, also der Vakuumenergie in den leeren Raum, dann der mögliche Energieverlust auf dem Milliarden Lichtjahre langen Weg und auch möglicherweise eine durch das Abfließen in den Raum ausgedünnte VE-Dichte. Das würde ebenfalls eine Rotverschiebung zur Folge haben, wenn das Licht von dort aufsteigen muss in die höhere Dichte der VE. Derselbe Vorgang findet statt bei Licht, das aus der VE-Senke eines Sternes in den freien Raum aufsteigt, gravitative Rotverschiebung genannt.

Gravitationswellen

Nach den bisherigen Erkenntnissen breiten sie sich auch mit Lichtgeschwindigkeit aus, was auf einen engen Zusammenhang zwischen zwei so unterschiedlichen Dingen wie Licht und Gravitation hinweist. Beide haben offensichtlich ein gemeinsames Medium (VE), das als superfluides Energiefeld mit hoher „Steifigkeit" die hohe Geschwindigkeit c ermöglicht.
Gravitationswellen können bei einer Sternexplosion entstehen, bei der Verschmelzung zweier Neutronensterne oder Schwarzer Löcher und als Änderung der VE-Dichte messbar werden, die sich ähnlich wie Schallwellen kugelförmig oder auch keulenförmig als Longitudinalwellen vom Entstehungsort in den Raum ausbreiten.
Diese Dichteänderung kann mit einer geeigneten Mess-Strecke gemessen werden, nach der obigen Betrachtung durch geringfügige Schwankung der Lichtgeschwindigkeit. Eine quer dazu angeordnete gleiche Messstrecke erzeugt dabei kein Differenzsignal, sodass es möglich ist, die Richtung zu bestimmen, aus der die Gravitationswellen kommen.
Wegen der quadratischen Abhängigkeit wird sich die Wirkung einer solchen Gravitationswelle sehr schnell abschwächen und in größerer Entfernung nur sehr schwer messbar sein.
Im Gegensatz dazu haben Lichteruptionen, die zwar auch im Quadrat des Abstandes schwächer werden, indem die Lichtteilchen oder Photonen auf immer größere Flächen verteilt werden, dabei aber das einzelne Photon ungeteilt bleibt, eine nahezu unendliche Reichweite.

Die Geschwindigkeit des normalen Schalls in Materie ist von der Dichte abhängig, steigt also an von Gasen zu Flüssigkeiten und Festkörpern. Der Schall wird dabei über Molekülbewegungen und Druckschwankungen weitergeleitet, die Moleküle bleiben dabei im Wesentlichen an Ort und Stelle, sie werden nur geschüttelt. Bei der Lichtgeschwindigkeit ist es genau umgekehrt. Je dichter die Materie gepackt ist, desto dünner wird die VE innerhalb der Materie, weil die Sphären der einzelnen Atome näher zusammenliegen.

Als Analogie zur Schallgeschwindigkeit in der Materie kann man einen Vergleich mit der Lichtgeschwindigkeit in der Vakuumenergie ziehen.

Die VE hat eine hohe Energiedichte und ist als Energiefeld homogen ohne Körnung.

Sie verhält sich da bezüglich der Schallgeschwindigkeit scheinbar wie ein Festkörper.

Sie ist superfluid ohne Reibung und hat als Feld (fast) keine Massenträgheit. Das „fast" bedeutet, dass sich eine Druckänderung auch in der VE nur mit einer endlichen Geschwindigkeit fortpflanzen kann, die von der Felddichte abhängig ist.

Die „Schallgeschwindigkeit" ist aufgrund der genannten Eigenschaften sehr hoch, nämlich bei etwa 300.000 km/s.

Die inzwischen entdeckten und gemessenen Schwerkraftwellen sind dafür ein starkes Argument, sie können direkt als die Schallwellen von gigantischen Ereignissen gelten.

Aus diesem Grund ist die Lichtgeschwindigkeit und ebenso die Schwerkraftwellen mit etwa 300.000 km/s gegeben und nicht mit 400.000 km/s oder gar beliebig schnell.

Das kann sich aber mit der fortschreitenden Ausdehnung und Abnahme der VE-Dichte ändern und sich in einigen hundert Millionen Jahren bemerkbar machen (falls noch jemand da ist, der das messen kann).

Für die Messung der Schwerkraftwellen gibt sich da ein interessanter Gedanke.

Wegen der von der Ereignisstelle, z.B. Sternexplosion oder Zusammenprall von schwarzen Löchern, weglaufenden Dichteschwankungen, sind Gravitationswellen Longitudinalwellen.

Die aktuellen Messungen werden mit Interferometern gemacht, also mit Laserlicht auf zwei um 90 Grad versetzten langen Messstrecken und dem Phasenvergleich der Lichtwellen.

Zeigt dabei eine Messstrecke in Richtung des Ereignisses, und ist die Wellenlänge der Dichteschwankung gleich oder kleiner als die Länge der Messstrecke, dann kompensieren sich die Schwankungen der Lichtgeschwindigkeit. Dabei ergibt sich ein Mittelwert der

Lichtgeschwindigkeit und diese Messstrecke dient als Referenzwert für die andere Messstrecke, die parallel zur Wellenfront liegt. Diese Messstrecke liegt dann im Takt der Schwerkraftwelle mal in dichterer VE mit höherem „c" und mal in dünnerer VE mit niedrigerem „c". Damit ergibt sich eine Frequenzmodulation der Lichtwellenlänge, die als Differenzsignal im Vergleich zur anderen Messstrecke gemessen werden kann.

Damit kann auch die Richtung bestimmt werden, wo das Ereignis zu finden ist.

Größere Wellenlängen der Gravitationswellen als die Länge der Referenzstrecke ergeben dort keinen Mittelwert und damit kein Differenzsignal. Die Messung erfolgt durch Überlagerung der beiden Wellenzüge und ergibt dabei durch Interferenz die Abschwächung oder Verstärkung des Signals. Die Signale selbst sind nur winzigste Phasendifferenzen und deshalb äußerst schwierig zu messen.

Gravitationswellen wurden inzwischen entdeckt, ein deutliches Signal konnte im September 2015 erstmals gemessen werden und wurde im Februar 2016 publiziert.

Zeit

Die Zeit ist eine virtuelle Erscheinung, nicht greifbar, aber trotzdem real. Sie ist ein stetiger Fluss von der Gegenwart in Richtung Zukunft, jedoch nicht umkehrbar. Die Vergangenheit wird real durch die vorhandene Natur, durch Relikte und aufgezeichnete Informationen und auch durch kollektive und subjektive Erinnerungen.

In der Relativitätstheorie ist die Lichtgeschwindigkeit die universelle Konstante „c".

Sie wird als Vakuumlichtgeschwindigkeit gemessen und mit 299792458 m/s festgelegt.

Für die Zeit wird die Sekunde als Basis verwendet. Sie wird mit hochgenauen Atomuhren gemessen, wobei die ausgesandte Lichtfrequenz von Cäsium 133-Atomen beim Energiewechsel der Elektronen gemessen und die Schwingungen gezählt werden. Die Schwingfrequenz der Atome wird als Naturkonstante angenommen.

Eine Sekunde sind dann 9192631770 Schwingungen.

Ein Meter ist die Strecke, die das Licht in 1/c zurücklegt, also in 1/299792458 Sekunden.

Weil die Lichtgeschwindigkeit als Bezugsmaß für die anderen Messgrößen gilt, würde eine Varianz von „c" rechnerisch nicht auffallen, sie rechnet sich dabei immer heraus.

Das heißt, wenn sich die Lichtgeschwindigkeit ändern sollte, dann wären die anderen Größen auch nicht mehr richtig.

Nach der Relativitätstheorie gehen Uhren im Schwerkraftfeld, also auch auf der Erde etwas langsamer und alles andere auch, heißt es. Das wurde durch Messungen bestätigt, mit der Raum-Zeit-Krümmung erklärt und als gravitative Zeitdilatation bezeichnet.

Das impliziert, dass auch die Schwingfrequenz der Atome in den Uhren im Gravitationsfeld langsamer ist und die Uhren etwas länger brauchen, um die Anzahl der Schwingungen für eine Sekunde zu erreichen. Der Versatz ist allerdings sehr gering und spielt sich etwa auf der 8. Stelle hinter dem Komma ab. Deshalb spielt das normalerweise keine Rolle.

Beim Navigationssystem GPS beispielsweise muss das aber korrigiert werden, weil sonst die Positionsbestimmung zu ungenau wäre.

Wie sieht das nun mit der oben beschriebenen Hypothese aus?

Im Gravitationsfeld, z.B. auf der Erde ist die Dichte der VE geringer und damit auch die Lichtgeschwindigkeit. Kommt eine Lichtwelle aus dem Raum zur Erde, dann werden die Abstände der Lichtwellen dadurch etwas kleiner, wenn die Taktfrequenz gleichbleibt. Das wäre dann eine Blauverschiebung des Lichtes und die Uhren müssten schneller gehen. Die Messung hat aber genau das Gegenteil ergeben, die Uhren gehen langsamer.
Das bedeutet, dass die Lichtaussendung der Atome in der Uhr langsamer geht, was eine Rotverschiebung des Lichtes zur Folge hat.

Wie kommt das zustande?

In der Dichte der VE im Raum rotieren die Elektronen aufgrund ihrer Bahngeschwindigkeit und der Fliehkraft in einem bestimmten Abstand vom Atomkern. Wie bei der Fliehkraft oben schon beschrieben, halten sich Bahngeschwindigkeit und Anziehungskraft dabei die Waage.
Das Materieteilchen bewegt sich dabei auf der VE-Isobare, die diesem Gleichgewicht entspricht. Ein größerer Abstand erfordert höhere Geschwindigkeit und damit mehr Energie des Bahnimpulses. Das ist von erdumkreisenden Satelliten her ebenso bekannt.
Die Uhr und deren Atome befinden sich auf der Erde in der Energiesenke der Schwerkraft und damit in der geringeren Dichte der VE. Weil der Bahnimpuls der Elektronen aber gleich bleibt, die VE-Dichte aber geringer wird, werden die Elektronen auf eine höhere Umlaufbahn gehoben, die dieselbe VE-Isobare hat. Damit verlängert sich aber der Durchmesser des Orbits und damit auch der Weg. Zusätzlich wird durch die höhere Umlaufbahn auch die Winkelgeschwindigkeit kleiner, wie das vom Drall her bekannt ist. Ein ganzer Orbit des Elektrons bestimmt die Frequenz der abgestrahlten Lichtwelle, die damit länger dauert. Das abgestrahlte

Licht erhält damit eine Rotverschiebung und die Uhr braucht länger, um die Anzahl der Impulse der Sekunde zu zählen. Diese Rotverschiebung ist dominanter als die Blauverschiebung beim Eintritt des Lichtes in das Gravitationsfeld.

Die Sekunde bleibt damit die Konstante, aber die Umgebungsbedingung für die Uhr hat sich geändert und ebenso die Lichtgeschwindigkeit in der Gravitationssenke. Auch die als Naturkonstante angenommene Schwingfrequenz der Atome ist dem unterworfen, in gleicher Art, aber in anderer Funktionsweise wie bei der gravitativen Zeitdilatation der ART.

Eine Raum-Zeitkrümmung ist dabei kein Thema mehr und diese Erklärung hier liegt wohl näher an der Realität als die Mathematik der Differentialgeometrie.

Interessant könnte es sein, dass infolge der etwas größeren Elektronenschalen in der Gravitationssenke der Erde auch das Volumen von Materie geringfügig zunimmt, im Vergleich zum freien Raum. Das hat aber nichts mit Vakuum zu tun, sondern mit Abstand von Schwerkraftquellen. Man müsste für eine Vergleichsmessung auch möglichst weit aus dem Bereich der Sonnengravitation herauskommen.

Die Zeit selbst ist vor allen Dingen völlig unabhängig von Materie, Raum und Vakuumenergie oder Geschwindigkeit, sowie Lichtgeschwindigkeit. Sie ist deshalb als universeller Maßstab geeignet, vorausgesetzt, sie kann mit hinreichender Genauigkeit gemessen werden.

Man sollte versuchen, die ART als mathematische Theorie so zu konvertieren, dass die Zeit anstelle der Lichtgeschwindigkeit als universelle Konstante gilt. Die Änderung der Lichtgeschwindigkeit in der Nähe von Materie kann dann als Materialkonstante der VE-Dichte herausgerechnet und berücksichtigt werden.

Vielleicht würde der mathematische Formalismus dadurch sogar einfacher werden.

Das bekannte Zwillingsparadoxon könnte sich dann vielleicht auch als Interpolation herausstellen, denn wirklich überprüfbar ist es bisher nicht.

Man kann sich eine riesige Kiste vorstellen, vielleicht eine Milliarde Kilometer lang.

Von außen betrachtet, vergeht die Zeit für die Kiste überall gleich schnell, allerdings kann man das nicht beobachten, weil von den verschiedenen Stellen der Kiste die Information wegen der begrenzten Geschwindigkeit des Lichtes nicht gleichzeitig beim Beobachter ankommt. Trotzdem ist ein Ereignis gleichzeitig, wenn es an verschiedenen Stellen in der Kiste passiert. Es ist also nicht ganz einzusehen, warum ein Mensch, der an einem Ort bleibt, anders altern sollte als einer, der in der Kiste herumfliegt. Für beide vergeht die Zeit objektiv gleich schnell. Lediglich jemand, der in einer Schwerkraftsenke, also auf einem Planeten lebt, wird etwas langsamer älter, aber nicht, weil die Zeit langsamer vergeht, sondern weil sein Stoffwechsel dort etwas verlangsamt ist.

Der Zeitfluss wird in Vergangenheit, Gegenwart und Zukunft eingeteilt. Gegenwart ist ein beliebig kleiner Zeitabschnitt, weil einen Moment später schon alles Vergangenheit ist. Die ist deshalb real, weil in dem Moment später das Meiste immer noch vorhanden ist, aber Veränderungen, die im Moment der Gegenwart entstanden, nicht veränderbar sind oder rückgängig gemacht werden können. Versuche, etwas rückgängig zu machen, ist Zukunft oder auch neue Gegenwart. Zukunft ist ein Fortschreiben von Gegenwart und Vergangenheit mit den Veränderungen durch Alterungsprozesse und Ereignisse, die sich auch spontan ereignen können. Entropie ist da ein Begriff dafür. In der Natur verläuft die Zukunft meistens nach vorbestimmten Abläufen oder evolutionär entstandenen Programmen. Dabei ist die latente Erfahrung vorhanden, wie es sich in der Vergangenheit ereignet hat, so wird es sich in etwa auch in der Zukunft ereignen. Nur der menschliche Verstand ist in der Lage, die Zukunft aufgrund von Erinnerungen an die Vergangenheit bewusst zu planen und zu gestalten.

Aber auch das gelingt nicht perfekt. Die Dummheit der Menschen ist grenzenlos, hat schon Einstein gesagt und wie recht er damit hatte, das zeigen viele aktuelle Ereignisse.

Es ist aber noch Hoffnung vorhanden, vielleicht wird SETI doch noch fündig, irgendwann.

Dunkle Materie

Bei der Beobachtung von Galaxien wurde darin ein Verhalten der Sternbewegung entdeckt, welches sich mit den Gesetzen der Physik bisher nicht erklären ließ. Die Sterne in den äußeren Armen bewegten sich schneller als erwartet. Da man das Standardmodell der Kosmologie nicht antasten wollte, kam die Idee einer „Dunklen Materie" auf, deren Anziehungskraft die Sterne auf den Bahnen halten sollte. Die Suche nach dieser Materie ist bis heute dunkel, trotz Riesenaufwand. Es scheint wie bei einer Fata Morgana zu sein, man meint, da ist was, aber man findet nichts.

Inzwischen sollte aber klar sein, so geht das nicht, es muss eine andere Erklärung dafür geben.

Man kann sich eine in drei Zonen aufgeteilte Erklärung vorstellen, einen inneren Bereich um das Zentrum, einen mittleren und einen äußeren Bereich.

Durch astronomische Beobachtungen wurde festgestellt, dass sich im Zentrum von Galaxien meistens ein sogenanntes „Schwarzes Loch" befindet. Die Energiesenke ist dort so stark, dass selbst Licht nicht mehr entkommen kann. Außerdem sind um das Zentrum verhältnismäßig viele weitere Sterne versammelt. Das zusammen ergibt eine starke und weit reichende Energiesenke, also eine riesige Zone von abnehmender Energiedichte in Richtung auf das Zentrum. Genauso, wie es bei dem Teilchen zur Beschreibung der Gravitationswirkung beschrieben wurde, nur eben gewaltiger.

Die Sterne um das Zentrum bewegen sich demnach in einer Zone mit geringerer VE-Dichte.

Sie haben damit eine geringerwirkende Sphäre, die wie oben beschrieben, die Schwerkraftwirkung und Massenträgheit erzeugt.

Das hat deshalb ebenfalls eine geringerwirkende Fliehkraft zur Folge. Damit ist auch die Geschwindigkeit geringer, welche die Himmelskörper auf einer stabilen Umlaufbahn hält.

Mit anderen Worten, die Sterne im Zentrum rotieren langsamer, als das unter normalen Bedingungen der Fall ist. Normal soll heißen, wie in der Umgebung unseres Sonnensystems.

Dass im gesamten Weltall die physikalischen Gesetze überall exakt genauso gelten wie in unserer näheren Umgebung ist eine unbewiesene Annahme. Das impliziert, dass sich unter abweichenden Umgebungsbedingungen wie der variablen Felddichte der VE die physikalischen Gesetze zwar qualitativ gleich verhalten, quantitativ jedoch abweichen können.

Damit ist die sogenannte „Gravitationskonstante" eine lokale Konstante, die von der jeweiligen Dichte der VE abhängig ist.

Im mittleren Bereich ist die Sterndichte geringer und damit ist die VE-Dichte wieder annähernd so normal verteilt wie es freien Raum zwischen den Sternen zu erwarten ist.

Im äußeren Bereich bei einem sehr großen Abstand vom Zentrum einer Galaxie, einige hundert Lichtjahre, wird die Schwerkraftwirkung und damit die Anziehungskraft so gering, dass Satellitensterne praktisch nicht mehr abgelenkt werden. Auch die Fliehkraftwirkung wird wegen dem riesigen Radius zum Zentrum und der relativ geringen Bahngeschwindigkeit extrem klein. Die Sterne bewegen sich dann praktisch auf einer geraden Bahn und merken von der Kreisbewegung nichts. Die Sterne schwimmen mit ihrer Sphäre im Feld der VE mit. Damit verhält sich die Galaxie und die Sterne mit sehr großem Abstand vom Zentrum eher wie ein fester Körper, bei dem sich Materie und VE gemeinsam drehen. Der Übergang von einer zur anderen Zone erfolgt nicht abgegrenzt, sondern kontinuierlich.

Die Satelliten bleiben dabei auf der Isobare der VE, also im Feld gleicher VE-Dichte.

Selbst wenn geringe Veränderungen auftreten, so sind sie wegen der extrem kleinen Kräfte erst nach sehr langer Zeit bemerkbar, vielleicht in Millionen von Jahren. So eine Galaxie ist ja ein dynamisches Gebilde, das sieht man an der teilweise feuerradähnlichen Form, die sich auch im Lauf der Zeit gebildet haben muss.

Eine Dunkle Materie ist dabei nicht nötig.

Nach dieser Überlegung kann die Massenträgheit und damit auch die Fliehkraft mit einer variablen Gravitationskonstanten in Zusammenhang gebracht werden, die letztlich eine Funktion der VE-

Dichte ist. Dasselbe gilt auch für den Zusammenhang zwischen Lichtgeschwindigkeit und VE-Dichte. In der Konsequenz ist die Vakuumenergie und deren lokale Dichte die Bezugsgröße. Die Vakuumenergie ist anscheinend das allen Dingen, wie Materie und magnetischen/elektrischen Energiefeldern und deren Erscheinungsformen zugrunde liegende Basismedium, von dem auch die anderen Naturkonstanten abhängig sind.

Mit einer Ausnahme: die Zeit und deren Fluss ist davon unabhängig und deshalb kommt sie als „die" Bezugs-Konstante in Betracht. Die in der Relativitätstheorie postulierte Zeitdilatation kann dem Verhalten von Materie in Verbindung mit der VE zugeordnet werden, falls sie dann noch relevant sein sollte.

Wenn sich die Dichte der Vakuumenergie wie bei der Gravitationswirkung in Verbindung mit Materie ändern kann, dann kann sie sich auch im freien Raum ändern. Großräumig zwar über Lichtjahre-Entfernungen und mit schnellem Druck- und Dichteausgleich. Es sind dabei auch Strömungen von VE denkbar, ähnlich den Jetstreams in der Luft. Eine solche Dichteänderung kann passieren, wenn ein Stern explodiert, Neutronensterne oder Schwarze Löcher kollidieren. Dann wird neben der ausgeschleuderten Materie und Strahlung wohl auch ursprünglich in Materieteilchen gebundene Vakuumenergie wieder frei, die sich als Druck- oder Schwerkraftwelle im Raum ausbreitet. Umgekehrt kann vielleicht durch die Kollision auch ein Defizit in der VE-Dichte eintreten, was dann ebenfalls eine auf die Vereinigung zulaufende Schwerkraftwelle erzeugen kann.

Neutronenstern, Schwarzes Loch

Man nimmt an, dass Neutronensterne bei der Explosion am Ende der Lebensdauer sehr großer Sonnen entstehen. Sie bestehen aus einer extrem hochverdichteten Materie, aus Neutronen, die durch 0den gewaltigen Druck und der extremen Temperatur bei der Sternexplosion aus der Materie entstanden sind. Dabei werden die Elemente so verdichtet, dass die Elektronen in die Atomkerne gedrückt und die Protonen in Neutronen umgewandelt werden.

Die elektromagnetisch neutralen Neutronen werden dabei zu einer kaum vorstellbar dichten Substanz zusammengepresst, vergleichbar mit der Dichte in den Atomkernen.

Bei der Auflösung noch viel größerer Sonnen oder Quasare, oder auch bei der Vereinigung von Neutronensternen können Gebilde mit so großer Schwerkraftwirkung entstehen, dass selbst Licht nicht mehr aus der Schwerkraftsenke dieser Sterne entweichen kann.

Man spricht dann von „Schwarzen Löchern". Es scheint erwiesen zu sein, dass das Zentrum jeder Galaxie durch ein solches Schwarzes Loch gebildet wird.

Nach der obigen Ausführung entsteht Schwerkraft aus einer Senke der Vakuumenergie in Richtung auf die Materieansammlung. Bei einem Schwarzen Loch geht demzufolge die Dichte der VE dort gegen null. Atome werden durch die Elementarteilchen im Atomkern und der Elektronenschalen gebildet. Die Elektronenschalen sind im Verhältnis zu ihrer Größe sehr weit weg vom Atomkern, man denke nur an den Größenvergleich von oben mit der Erbse.

Der Abstand zwischen Atomkern und Elektronenschale ist mit der überall präsenten VE mit exponentiell zum Kern hin abnehmender Dichte gefüllt, die dem Atom sein Gerüst, seine Struktur und Körperlichkeit verleiht. Wird nun ein Atom, ein Körper, ein Stern, durch den Schwerkraftmechanismus zum Schwarzen Loch hin beschleunigt, dann kommt er in den Bereich, in dem die VE gegen null geht. Damit verliert jedes Atom seine Struktur, weil ja auch die VE zwischen Elektronenschale und Kern verschwindet. Die Atome klappen praktisch zusammen und die Elementarteilchen vereinigen sich dabei zu Neutronen.

Das ist vielleicht vergleichbar mit Heißluftballons, wenn die Luft plötzlich verschwindet.

Entsteht dabei Strahlung, so kann diese nicht entweichen, weil ja die Lichtgeschwindigkeit von der VE-Dichte abhängt und deshalb ebenfalls gegen Null geht. Das Schwarze Loch ist deshalb ein sehr stabiles, langlebiges Gebilde, sofern die Neutronensuppe stabil bleibt.

Die VE geht gegen Null, aber vollständig Null wird sie nicht erreichen. Deshalb kann Energie als Strahlung ganz langsam entweichen, in einer Art Sublimation. Das heißt, ein Schwarzes Loch hat auch keine unendliche Lebensdauer, es verdunstet sozusagen langsam zu Vakuumenergie.

Eine Singularität ist im Zentrum eines Schwarzen Loches genauso wenig zu erwarten wie in einem Neutronenstern. Eher ist zu erwarten, dass sich dort auch Neutronen in ihre Bestandteile auflösen und möglicherweise dann eine kristallartige Struktur entsteht.

Auch Information und deren Interpretation wird zerstört, weil sie immer an Materiestrukturen gebunden ist, die ja beim Eintritt in ein Schwarzes Loch aufgelöst werden.

Quantenphysik

Die Quantenphysik ist eines der erfolgreichsten Gebiete der Physik. Praktisch unsere ganzen modernen Technologien sind darauf aufgebaut. Sie ist deshalb so erfolgreich, weil sie sich wesentlich mit der realen Materie befasst, den Elementen und deren Interaktionen untereinander. Sie stützt sich auf unzählige Experimente und Beobachtungen von Reaktionen, die im Gegensatz zu den astronomischen Forschungen auf der Erde und in Labors gemacht werden können. Damit fließen die dabei gewonnenen Erkenntnisse meist unmittelbar in die technischen Anwendungen ein.

Weil auch die Quantenphysik auf denselben Grundlagen wie die Astrophysik aufbaut, ist es vielleicht interessant, sie unter der oben beschriebenen Überlegung zu betrachten.

Besonders auch deshalb, weil bisher die tragenden Theorien der Astrophysik und der Quantenphysik offenbar nicht unter einen Hut zu bringen sind, wie man in Publikationen öfters mal lesen kann. Es ist vielleicht etwas spekulativ, aber trotzdem interessant.

Kernbausteine

Die Kernbausteine (Protonen, Neutronen, Elektronen) wurden als Schwingungsgebilde aus Energie beim Urknall erzeugt, bestehen demnach entsprechend $E=mc^2$ aus verdichteter Vakuumenergie und haben damit eine viel höhere Energiedichte als das umgebende allgegenwärtige VE-Feld.

Ein Proton besteht nach den Vorstellungen der Quantenphysik aus drei Quarks mit Gluonen als Bindemittel. Ähnlich verhält es sich beim Neutron. Das ist eine Modellvorstellung, Quarks und Gluonen sind als freie Teilchen wohl nicht beobachtbar.

Es ist aber auch vorstellbar, dass die konzentrierte Energie eine Art stehender Welle bildet, die in sich geschlossen ist und dabei so etwas wie einen Schwingungstorus ergibt.

In der String-Theorie sind solche Gebilde schon als Branen angesprochen worden.

Sind mehrere dieser lokal geschlossenen Schwingungsgebilde in einem Proton oder Neutron vereint, dann könnten sich diese verketten und so verschränken, dass sie auch nicht so ohne weiteres trennbar sind (starke Kernkraft).

Protonen sind alle absolut gleichartig, was den Schluss nahelegt, dass für die darin vorhandenen Schwingungsgebilde ganz bestimmte Stabilitätskriterien gelten, kleinere oder größere Energiebeträge sind nicht stabil und zerfallen wieder. Dasselbe gilt für Neutronen und Elektronen mit spezifischen eigenen Regeln, wobei Protonen und Neutronen zusammengesetzte Gebilde und Elektronen wohl eher native Gebilde aus VE sind. Vielleicht spielt dabei auch hier das Planck'sche Wirkungsquantum h eine Rolle, ähnlich wie bei den Photonen.

Im Standardmodell ist eine Menge von Teilchen postuliert, die aber meist nicht stabil sind und nach mehr oder weniger kurzer Zeit wieder zerfallen. Diese Teilchen entstehen bei Strahlung und Interaktionen von Materie untereinander und sind dort von Bedeutung, als Basisteilchen eher nicht, vielleicht mit Ausnahme der Neutrinos und der Positronen. Auch die (Eich-)Bosonen als Vermittler von Kräften sind wohl eher hypothetische Annahmen, um die Wirkungen der Teilchen untereinander berechenbar zu machen. Eine Ausnahme bilden die Photonen als Energieträger und Vermittler des Energieaustausches zwischen den Elektronen der Atomhüllen.

Bei Photonen als Vermittler der magnetischen Kräfte, z.B. bei Dauermagneten, kommen schon Zweifel auf, weil Licht beim Durchgang durch ein Magnetfeld praktisch nicht beeinflusst wird und die Kräfte zwischen Magneten kaum von Photonen vermittelt werden können, da die relevanten Feldlinien um einen Magneten bogenförmig verlaufen und damit mit der elektromagnetischen Welle des Lichtes wenig gemeinsam haben, ganz abgesehen von der Kräftevermittlung. Da muss ein anderes Funktionsprinzip zugrunde liegen.

Das Vakuumenergie-Feld ist ein amorphes Analogfeld, also ohne Körnung. Beim Urknall sind hochverdichtete Quanten aus dieser VE entstanden, die sich zu Elementarteilchen verbunden haben, also Elektronen, Protonen, Neutronen und Photonen. Diese Teilchen haben sich in Verbindung mit der VE zu Atomen verbunden, hauptsächlich Wasserstoff, Helium und etwas Lithium. Die VE dient dabei als Trägermedium, als Gerüst und gibt den Atomen die Struktur.

Die Struktur wird durch die Sphäre mit der quadratischen Abnahme der Energiesenke in Richtung auf den Kern gebildet. Denkbar ist auch, dass die Elektronen ihre Bahnen in der Zone der dichteren VE ziehen und deshalb einen zu ihrer Größe relativ großen Abstand zum Kern halten und so auch der Anziehung durch den positiv geladenen Kern widerstehen.

Aus der Menge der Partikel bildeten sich die Sonnen, in denen durch Kernverschmelzung die weiteren Elemente entstanden, bis zum Eisen. Bei Sternexplosionen entstanden die größeren Elemente, die mit Ausnahme bestimmter Isotope bis zu Element Wismut stabil sind, darüber aber instabil, also radioaktiv.

Diese Elemente bilden die Materie, aus denen alles besteht. Es wurde vermutet, dass oberhalb der radioaktiven Elemente es eine

Insel der Stabilität für noch größere Elemente geben könnte, aber diese Vermutung hat sich bisher nicht bestätigt.

Die Natur ist da offenbar einen anderen Weg gegangen, sie bildet Moleküle aus den stabilen Elementen und kann damit eine fast unendliche Vielfalt erzeugen.

Auch Leben ist daraus entstanden, sogar aus nur relativ wenigen, aber wichtigen stabilen Elementen.

Magnetfeld und elektrische Ladung:

Das Elektron ist das kleinste der Elementarteilchen, aus denen die Materie besteht. Es ist Träger der negativen Elementarladung und kann sich unabhängig von der starken Kernkraft auch außerhalb eines Atoms frei bewegen. Es scheint ein natives Teilchen zu sein, das nicht aus mehreren Komponenten zusammengesetzt ist. Es ist so klein, dass die reale Größe bisher noch unbekannt ist. Man nimmt es als punktförmiges Teilchen an. Die Bezeichnung „negativ" wurde wohl irgendwann mal willkürlich gewählt, um dem Kind einen Namen zu geben. Schade eigentlich, dass man nicht „positiv" gewählt hat, dann wäre es mit der allgemeinen Elektrotechnik kompatibel, bei der der Strom, also die Ladungsträger, von Plus nach Minus fließend gerechnet werden. Man konnte es eben zur Zeit der Festlegung nicht besser wissen.

Man kann sich das Elektron als elementares und stabiles Schwingungsgebilde aus hoch konzentrierter VE vorstellen. Dabei schwingt ein Quantum VE in einer Welle, die wieder in sich zurückkehrt und damit eine stehende Welle bildet. Diese Art von Wellenform wurde in Verbindung mit der Stringtheorie schon angesprochen. Die gebundene VE bestimmt dabei die träge Masse des Elektrons, die Ruhemasse, die immer gleich ist. Die daraus entstehende Gravitationswirkung ist eine statische Wirkung zwischen VE und Teilchen und deshalb völlig unabhängig von dem dynamischen Verhalten wie VE-Fluss, Ladung und Spin.

Im Gegensatz dazu ist Licht eine sich linear ausbreitende Welle mit einem viel geringeren Energiequantum, die sich immer mit der am Ort gegebenen Maximalgeschwindigkeit in der VE fortbewegt. Die Energie ist da in der Welle als Bewegungsenergie gebunden, das Lichtteilchen oder Photon hat deshalb keine Ruhemasse.

Der Wellenzug eines Photons wurde mit 1 bis 2 Metern gemessen.

Man kann sich das Elektron wie eine Kugel vorstellen, die im Feld der umgebenden VE schwebt und bei der die Energie der stehenden Welle z.B. rechtsdrehend um den Äquator schwingt. Dadurch entsteht eine Gegenreaktion, die sich als Spin bemerkbar macht, also linksdrehend, von oben gesehen. Durch die Dynamik der stehenden Welle wird aus der Umgebung in Achsrichtung freie VE aus der Umgebung auf einer Seite eingesaugt, z.B. von unten und auf der anderen Seite oben wieder ausgestoßen. Diese VE wird an der Außenseite der Welle wie eine Umwälzung wieder herumgeführt, wie das von Dauermagneten her bekannt ist. Weil aufgrund der Suprafluidität der VE dabei keine Reibung und kein Potentialunterschied entsteht, ist dafür keine Arbeit oder Leistung erforderlich. Weil aber dadurch VE in Bewegung ist und damit als magnetischer Fluss in Erscheinung tritt, wird nach den bekannten Regeln der Elektrodynamik eine ständige elektrische Ladung induziert, die negative Elementarladung.

Mit der Betrachtung ist auch verbunden, dass es sogenannte Monopole bei Magneten nicht gibt, weil Ursprung und Senke des magnetischen Feldes in den Kernbausteinen selbst ist.

Bei Teilchenansammlungen summieren sich die Feldlinien zu einem stärkeren Magnetfeld mit großer Reichweite auf. Teilchen, wie Photonen sind dabei nicht beteiligt, weil bei einem Dauermagnet keine Wellenerscheinungen wie bei Lichtwellen beobachtbar sind und auch die Kraftwirkung des Feldes mit Eigenschaften von Photonen als Vermittlerteilchen nicht verein-bar ist. Es liegt vielmehr die Vermutung nahe, dass ein Magnetfeld durch einen Fluss von Vakuumenergie erzeugt wird. Dieser Fluss wird durch die dynamischen Vorgänge in Elementarteilchen erzeugt und hat damit große Ähnlichkeit mit dem Gravitationsfeld, das wie beschrieben durch ein statisches Verhalten der VE in Verbindung mit Materieteilchen erzeugt wird. Eine Änderung der VE-Felddichte entsteht durch die Strömung nicht, und damit auch keine Gravitationswirkung. Bei großen Materieansammlungen kann der magnetische Fluss in Form von Feldlinien auch große Werte annehmen, wie beim Magnetfeld der Erde oder der Sonne zu beobachten ist.

Bei Paarbildung von freien Elektronen werden sich die Spin-Achsen dann vorzugsweise antiparallel ausrichten, weil der magnetische Fluss dann den kürzeren Weg zwischen den beiden Elektronen hat. Das gemeinsame Spin-Moment des Pärchens ist dann Null und der außerhalb wirkende magnetische Fluss ist wesentlich geringer, er ist sozusagen kurzgeschlossen. Bei starken Magneten sind die Spin-Achsen parallel ausgerichtet.

Ein Positron als entsprechendes Teilchen der Antimaterie kann sich dadurch unterscheiden, dass es eine entgegengesetzte Drehrichtung von stehender Welle und Spin hat und damit die entgegengesetzte positive Elementarladung besitzt. Man kann es etwa mit einem Dynamo vergleichen, bei dem bei Umkehr der Drehrichtung auch die Polarität der Spannung wechselt.

Ein Proton scheint ein komplexes und hochdynamisches Innenleben zu haben. Es wird nach der obigen Betrachtung durch Wellenpakete gebildet, die in Bewegung sind und dabei in superfluider Umgebung innerhalb des Protons widerstandsfrei rotieren und den Spin erzeugen. Das Proton hat etwa die 1838fache Masse eines Elektrons und vereinigt damit ebenso viel mehr gebundene Energie. Durch Streuexperimente wurden drei sogenannte Quarks entdeckt. Wenn zwei davon umgekehrt rotieren wie beim Elektron und eines in gleicher Richtung, dann entstehen dabei zwei positive Elementarladungen und eine negative, sodass das Proton eine nach außen wirkende positive Ladung behält. Die drei Quarks sind möglicherweise als Schwingungselemente miteinander vernetzt, vergleichbar mit den Gliedern einer Kette. Sie können sich deshalb nicht voneinander trennen. Das wäre ein Argument für die Starke Kernkraft mit kurzer Reichweite, die mit zunehmendem Abstand der Quarks größer wird. Die ebenfalls durch Experimente entdeckten Gluonen, die als Bindeglieder zwischen den Quarks bezeichnet werden, könnten frei bewegliche neutralisierte Energiegebilde sein. Sowohl Quarks als auch Gluonen wurden außerhalb als Teilchen noch nicht beobachtet.
Angenommen, ein Proton schwebt frei im Raum. Es befindet sich aufgrund seiner Sphäre in wesentlich geringere VE-Dichte, entsprechend der vielfach höheren gebundenen Energie im Vergleich zum Elektron, wie bei der Sphäre der Schwerkraftwirkung beschrieben.
Nimmt man an, dass die Energiesenke des Protons in 1m Abstand schon vernachlässigbar klein ist, also fast die VE-Dichte des freien

Raumes hat, ist die VE-Dichte direkt am Proton wegen der quadratischen Abnahme nur noch 2,9x10 hoch -30 davon. Das Proton dreht sich also in einer nahezu energiefreien Umgebung. Die Reaktion auf die innere Bewegung ist eine entgegengesetzte äußere Rotation, der Spin, wie schon beim Elektron beschrieben. Die elektrische Ladung entsteht in gleicher Weise wie beim Elektron, jedoch in entgegengesetzter Drehrichtung und ist positiv.

Ein Antiproton als Teilchen der Antimaterie hat dann den gleichen inneren Aufbau, aber mit einer dem Elektron entsprechenden Drehrichtung und besitzt damit die negative Ladung.

Ein Neutron scheint den gleichen Innenaufbau wie ein Proton zu haben, mit zusätzlich einem Elektron, das die elektrische Ladung kompensiert. Damit hat das Neutron eine geringfügig höhere Masse und keine elektrische Ladung.
Als freies Teilchen ist das Neutron jedoch nicht stabil, es zerfällt mit einer Halbwertszeit von etwa 15 Minuten in ein Proton, ein Elektron, ein Antineutrino und etwas Strahlung, wie durch Experimente und Messungen herausgefunden wurde. Stabil scheint es nur in den Atomkernen der Elemente zu sein, wo es als Moderator zwischen den geladenen Protonen nötig ist.

Ein Antineutron sollte dann aus Antiproton und Positron bestehen und mit einem Spin spiegelbildlich zur normalen Materie.

Atome haben sich durch den Zusammenschluss von Protonen und Neutronen im Kern und Elektronen in der Atomhülle gebildet. Das einfachste Atom ist das Wasserstoffatom, bei dem im Kern ein Proton vorhanden ist und ein Elektron im Orbit um diesen Kern. Damit ist das Atom elektrisch neutral, weil sich die Ladungen von Proton und Elektron kompensieren. Das Elektron zieht seine Bahn ziemlich weit weg vom Kern, wenn man die Größe der Elementarteilchen in Betracht zieht. Dabei ist der Bahnradius 65000mal größer als der Protonenradius und wegen der quadratischen Zunahme ist die VE-Dichte dort 4,2x10 hoch 9 mal höher als am Proton. Das scheint die Zone der komfortablen Dichte für die Elektronenorbits zu sein. Im gleichen Maß ist auch die elektrische Kopplung zwischen den Protonen und den Elektronen verringert, weil das elektrische Feld ebenfalls wie die Gravitationswirkung nach der reziproken Quadratfunktion verhält.

In der Zone des Elektronenorbits ist die VE-Dichte aber immer noch $1,2 \times 10$ hoch 20 mal geringer als in 1m Abstand vom Kern. Damit bewegen sich die Elektronen ebenfalls in extrem geringer VE-Dichte. Mit der Zone der komfortablen Dichte ist die lokale Dichte der Vakuumenergie gemeint, in der sich die Elektronen ihre Orbits einrichten. Das ist vergleichbar mit den oben beschriebenen Isobaren gleicher Energiedichte, auf denen sich Satelliten und Planeten bewegen, nur eben übertragen auf den subatomaren Bereich. Auch die Elektronen haben eine bestimmte Bewegungsenergie in ihren Orbits, die sie nur durch Energieänderung verlassen können, beispielsweise durch Aufnahme oder Abgabe von Lichtquanten, vergleichbar mit den Isobaren. Damit bekommt die Atomstruktur in Verbindung mit den elektromagnetischen Ladungen ihre Stabilität, wie bereits oben als Körperlichkeit angesprochen wurde. Es hindert die Elektronen, in den Atomkern zu fallen, weil ein engerer Orbit die Erhöhung der Umlauffrequenz erzeugen würde, was aber eine höhere Fliehkraftwirkung zu Folge hätte. Auf der anderen Seite ist für einen größeren Orbit eine Energiezuführung nötig, etwa durch Aufnahme eines Lichtquants. Mit genügend energiereichen Lichtquanten können die Elektronen damit aus ihrem Orbit herausgeholt und frei werden, was beim Fotoelektrischen Effekt der Fall ist.

Die physikalischen Abläufe sind im Prinzip im atomaren Bereich, in menschlicher Größenordnung und im astronomischen Maßstab durchaus vergleichbar.

Wie schon bei der gravitativen Rotverschiebung von Licht beim Eintritt aus dem Raum zur Erde angesprochen, wird sich der Orbit der Elektronen etwas vergrößern, weil im Gravitationsfeld die umgebene VE-Dichte bereits entsprechend verringert ist. Damit ergibt sich eine Frequenzverschiebung hin zu etwas niederer Frequenz, was bei den genauen Atomuhren beobachtet wird. Der vergrößerte Elektronenorbit führt dann auch zu einer geringfügigen Volumenzunahme. Eine Volumenzunahme bei Erwärmung ist davon unabhängig und entsteht durch Molekularbewegung.

Der Atomkern bestimmt mit der Anzahl der Protonen und damit die Zahl der Elektronen in der Elektronenhülle. Ebenso ist die Zahl der Neutronen im Kern damit bestimmt, die zur Stabilität als Moderatoren zwischen den Protonen dienen und deren Anzahl bei den Isotopen variieren kann. Der Kern ist die Basis des Atoms und enthält den größten Teil der Masse.

Die Elektronen sind in ein oder mehreren Orbitalen verteilt und bestimmen die elektrischen, magnetischen und chemischen Eigenschaften des Atoms, die Verbindung zu Molekülen und die Wechselwirkungen von Strahlung.

Im Standardmodell werden verschiedentlich Vermittlerteilchen postuliert, die durch hin- und herflitzen die Kräfte zwischen den Elementarteilchen vermitteln sollen. Das scheinen Vereinfachungen für die Berechenbarkeit zu sein, ohne wirklichen Bezug zur Realität. Man sollte vielmehr der allgegenwärtigen Vakuumenergie diese Eigenschaften zuschreiben.

Zusammenfassend betrachtet ist die Gravitation ein statischer Gradient der VE und die magnetische Kraft und elektrische Ladung ein dynamischer Strömungsvorgang der VE. Die starke und die schwache Kernkraft beschränkt sich auf die inneren Vorgänge im Atomkern bzw. in den Nukleonen.

Die vier Naturkräfte könnten damit auf eine Ursache zusammengeführt werden, nämlich auf verschiedene Zustände der Vakuumenergie, in konzentrierter Form ebenso die Existenz von Materie, wie es von Einstein mit $E=mc^2$ erkannt wurde.

Einstein hat wohl einmal gesagt, dass Schwerkraftfeld und magnetisches Feld zwei Erscheinungsformen einer eigentlich einheitlichen kosmischen Ganzheit sein könnten
(Spektrum d. W. Juni 2003, Seite 63).
Wer weiß, vielleicht hat er auch hier recht und die vier Grundkräfte können so auf eine einzige Essenz, der Vakuumenergie zurückgeführt werden.

Skizze zu Magnetfeld und elektrischer Ladung
Diese Skizzen dienen zur Überlegung, wie die elektrische Ladung im Elementarteilchen entstehen könnte, wobei das Magnetfeld primär ist und die elektrische Ladung durch den Magnetfluss in Verbindung mit dem Spin ständig induziert wird. Dabei wäre der magnetische Fluss eine dynamische Eigenschaft der Vakuumenergie, im Gegensatz zur statischen Eigenschaft des VE-Feldes bei der Gravitationswirkung. Als Beispiel sollen zwei Elektronen dienen, Protonen und andere Teilchen verhalten entsprechend, wobei die elektrische Polarität durch die Spin-Drehrichtung bestimmt wird. Hier ist sie willkürlich angenommen, die tatsächliche Drehrichtung muss durch Experimente ermittelt werden.

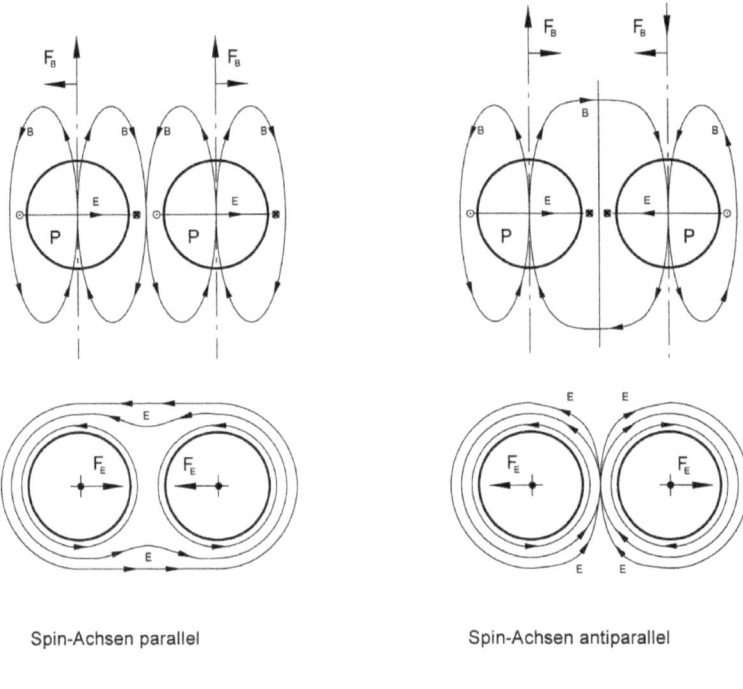

Spin-Achsen parallel   Spin-Achsen antiparallel

Skizze 1   Skizze 2

Zur Skizze 1 oben, Spin-Achsen parallel, von der Seite gesehen
Im Teilchen soll sich ein bestimmtes Quantum konzentrierter VE-Energie befinden, das etwa als stehende Welle um die Achse rotiert. Weil sich das Teilchen in reibungsfreier Umgebung befindet, erzeugt diese Rotation ein Drehmoment als Gegenreaktion, den Spin. Durch die interne Rotation wird außerdem freie VE aus der Umgebung angesaugt und tritt als bewegte VE als magnetische Strömung nach oben aus. Der ausgestoßene magnetische Fluss umrundet das Teilchen außen und tritt unten wieder ein. Es entsteht damit eine Umwälzung von magnetischer Strömung, die in Verbindung mit der Spin-Rotation ein elektrisches Feld induziert, das als Elementarladung auftritt. Weil alles in verlustfreier Umgebung stattfindet, entsteht dabei kein Energieverlust, es findet sozusagen als supraleitfähiger Vorgang statt. Befinden sich zwei Teilchen mit gleicher Drehrichtung und damit gleicher magnetischer Strömungsrichtung nebeneinander, dann drückt die umlaufende Strömung die Teilchen durch Verdrängung der gleichgerichteten Feldlinien der VE-Strömung auseinander (FB), die gleichgerichtete induzierte elektrische Ladung ist aber an den seitlichen Berührungsstellen gegenläufig und zieht sich deshalb an (Fe). Die beiden Ladungen vereinigen sich und ergeben durch die Paarbildung die doppelte Elementarladung und doppelten Spin (Skizze 1 unten, von oben gesehen).

Zur Skizze 2 oben, Spin-Achsen antiparallel, von der Seite gesehen
Bei den antiparallel ausgerichteten Spin-Achsen ist der magnetische Fluss ebenfalls entgegengesetzt gerichtet und wird dabei sozusagen kurzgeschlossen, indem der austretende Fluss des einen Teilchen direkt beim Teilchen daneben wieder eintritt. Er hat damit den kürzeren Weg und wirkt anziehend. Andererseits ist aber die Drehrichtung des Spins jetzt entgegengesetzt und damit die induzierte Ladung zwischen den Teilchen mit gleicher Polarität aufeinander, was eine abstoßende Wirkung erzeugt (Skizze 2 unten, von oben gesehen). Die beiden Teilchen werden deshalb ebenfalls auf Abstand gehalten, aber Spin und Ladung neutralisieren sich dabei. Es ist anzunehmen, dass diese Paarbildung wegen des gegen-

poligen magnetischen Flusses stabiler ist als die parallele Lage der Spin-Achsen. Das ist etwa vergleichbar mit zwei Dauermagneten, die nebeneinander liegen und sich sehr nachdrücklich auch auf diese Konstellation einstellen. Andererseits sind aber im magnetischen Material die Elektronen als die wirksamen Teilchen der Atomhülle parallel ausgerichtet.

Treffen zwei Teilchen aus Antimaterie aufeinander, dann läuft der Vorgang genauso ab, jedoch mit umgekehrter Spin-Drehrichtung.

Trifft ein normales Teilchen mit dem entsprechenden Antiteilchen zusammen, dann drückt im ersten Fall die umlaufende VE-Strömung die Teilchen auseinander (Skizze 1 oben) und die Ladung ebenfalls (Skizze 2 unten). Es passiert nichts, aber dieser Zustand ist instabil.

Im zweiten Fall, der sich spontan einstellen wird, zieht die kurzgeschlossene VE-Strömung die Teilchen zusammen (Skizze 2 oben) und die Ladung ebenfalls (Skizze 1 unten). Dieser Zustand führt zur sofortigen Zerstörung und Auflösung der Teilchen in freie VE-Energie. Dabei wird die in den Teilchen gebundene Energie als Strahlung und/oder Bewegungsenergie in Form einer VE-Druck-welle und Wärme frei.

Bücher zum Thema

Katja Bammel: Faszination Physik
ISBN 3-8274-1420-2 /2004, Spektrum Akademischer Verlag

Gottfried Beyvers, Elvira Krusch: Kleines 1x1 der
Relativitätstheorie
ISBN 978-3-8334-6291-7 /2007, Verlag Books on Demand
GmbH

Michael Brooks: Physik, Die Großen Fragen
ISBN 978-3-8274-22621-5 /2013, Springer-Verlag Berlin

Stuart Clark: Universum, Die Großen Fragen
ISBN 978-3-8274-2915-5 /2012, Spektrum Akademischer Verlag

Frank Close: Das Nichts verstehen
ISBN 978-3-8274-2898-1 /2011, Spektrum Akademischer Verlag

Henning Genz: Die Entdeckung des Nichts
ISBN 3-446-16509-6 /1994, Carl Hanser Verlag, München

Henning Genz: Elementarteilchen
ISBN 3-596-15354-9 /2003, Fischer Taschenbuch Verlag

Henning Genz: Nichts als das Nichts
ISBN 3-527-40319-1 /2004, WILEY-VCH Verlag, Weinheim

Thomas Görnitz: Quanten sind anders
ISBN 3-8274-0571-8 /1999, Spektrum Akademischer Verlag

Stephen W. Hawking: Eine kurze Geschichte der Zeit
ISBN 3-498-02884-7 /1988, Rowohlt Verlag, Hamburg

Sabine Hossenfelder: Das Hässliche Universum
ISBN 978-3-10-397246-7 /2018, S. Fischer-Verlag GmbH

Robert B. Laughlin: Abschied von der Weltformel
ISBN 978-3-492-25372-7 /2010, Piper Verlag, München

Joao Magueijo: Schneller als die Lichtgeschwindigkeeit
ISBN 3-570-00580-1 /2003, c. Bertelsmann Verlag, München

Alexander Unzicker: Vom Urknall zum Durchknall
ISBN 978-3-642-04836-4 /2010, Verlag Springer Heidelberg

Alexander Unzicker: Auf dem Holzweg durchs Universum
ISBN 478-3-446-43214-7 /2012, Carl Hanser Verlag, München

Alexander Unzicker: Einsteins verlorener Schlüssel
ISBN -13: 978-1517045456 /2015, Amazon

Sibylle Anderl: Dunkle Materie, Das große Rätsel der Kosmologie
ISBN 978-3-406-78360-9 /2022, C.H.Beck-Verlag, München

Weitere Bücher

John D. Barrow: Die Entdeckung des Unmöglichen
ISBN 3-8274-1110-6 /2001, Spektrum Akademischer Verlag

David Bodanis: Bis Einstein kam
ISBN 3-421-05208-5 /2001, Deutsche Verlagsanstalt, Stuttgart

David Bodanis: Das Universum des Lichts
ISBN 3-498-00628-2 /2005, Rowohlt Verlag GmbH
Martin Bojowald: Zurück vor den Urknall
ISBN 978-3-10-003910-1 /2009, S. Fischer Verlag

Reinhard Breuer: Immer Ärger mit dem Urknall
ISBN 3-499-19323-X /1996, Rowohlt Taschenbuchverlag

Nigel Calder: Einsteins Universum
ISBN 3-524-69017-3 /1980, Umschau-Verlag, Frankfurt

Brian Clegg: Vor dem Urknall
ISBN 978-3-498-00939-7 /2012, Rowohlt Verlag GmbH

Marcus Chown: Die Suche nach dem Ursprung der Atome
ISBN 3-423-24323-0 /2002, Deutscher Taschenbuch Verlag,
München

Paul Davis: Die Urkraft
ISBN 3-423-11275-1 /1990, Deutscher Taschenbuchverlag
München

Paul Davis, John Gribbin: Auf dem Weg zur Weltformel
ISBN 3-89836-498-4 /1995, Deutscher Taschenbuchverlag
München

Anne-Lydia Edingshaus: Heinz Maier-Leibnitz – Experimentelle
Physik
ISBN 3-492-03028-9 /1986, Verlag R. Piper GmbH, München

Pedro G. Ferreira: Die perfekte Theorie
ISBN 978-3406-66047-4 /2014, Verlag C.H. Beck oHG

Richard P. Feynman: QED, die seltsame Theorie des Lichts und der
Materie
ISBN 3-492-11562-4 /1992, Verlag R. Piper GmbH

Richard P. Feynman: Physik, The Lost Lectures
ISBN -13: 978-3-8273-7233-8 /2006, Verlag Pearson Education

E.P.Fischer: Der Physiker – Max Planck und das Zerfallen der Welt
ISBN 978-3-570-55116-5 /2010, Siedler-Verlag, München

Harald Fritzsch: Quarks, Urstoff unserer Welt
ISBN 3-492-02427-0 /1981, Verlag R. Piper & Co.

James Gleick: Chaos – Die Ordnung des Universums
ISBN 3-426-26335-1 /1988, Verlag Droemer Knaur

Brian Greene: Der Stoff, aus dem der Kosmos ist
ISBN3-88680-738-X /2004, Siedler-Verlag, München

John und Mary Gribbin: Richard Feynman, Die Biographie eines Genies
ISBN 3-492-04041-1 /1997, Piper Verlag GmbH, München

Michael Guillen: Brücken ins Unendliche
ISBN 3-8131-8135-9 /1984, Meyster Verlag, München

Haken – Wolf: Atom- und Quantenphysik
ISBN 3-540-52198-4 /1990, Springer Verlag, Berlin

Joachim Herrmann: Großes Lexikon der Astronomie
ISBN 3-570-00541-0 /1986, Mosaik Verlag GmbH

Richard Knerr: Goldmann Lexikon Physik
ISBN 3-442-15023-X /1999, Verlag Wilhelm Goldmann

Peter Kröning: Auch Genies können irren…
ISBN 3-7844-2902-5 /2003, F. A. Herbig Verlagsbuchhandlung GmbH

B. G. Kuznecov: Von Galilei bis Einstein
ISBN 3-528-07305-5 /1970, Akademie-Verlag GmbH, Berlin

Harald Lesch / Jörn Müller: Big Bang Zweiter Akt
ISBN 3-570-00776-6 /2003, C. Bertelsmann-Verlag, München

Harald Lesch & Josef M. Gassner: Urknall, Weltall und das Leben
ISBN 978-3-8312-0389-5 /2012, Verlag Komplett-Media GmbH

Lisa Randall: Verborgene Universen
ISBN -13: 978-3-10-062805-3 /2006, S. Fischer Verlag

Ed Regis: Einstein, Gödel & Co.
ISBN 3-7643-2235-7 /1989, Birkhäuser Verlag Basel

Dagmar Röhrlich: Anybody Out There? – Die Suche nach neuen Welten
ISBN -13: 978-3-471-78587-4 /2006, Ullstein Buchverlage GmbH

Paul A. Schilpp: Albert Einstein als Philosoph und Naturforscher
ISBN 3-528-08427-8 /1979, Verlag F. Vieweg & Sohn, Braunschweig

Julian Schwinger: Einsteins Erbe, Die Einheit von Raum und Zeit
ISBN 3-8289-3424-2 /2005, Verlagsgruppe Weltbild GmbH

Emilio Segre: Die Großen Physiker und ihre Entdeckungen
ISBN 3-492-03950-2 /1997, Piper-Verlag GmbH, München

R. U. Sexl, H. K. Urbantke: Gravitation und Kosmologie
ISBN 3-411-01487-3 /1975, Bibliographisches Institut AG, Zürich

Simon Singh: Big Bang
ISBN3-446-20598-5 /2004, Carl Hanser Verlag

Lee Smolin: Warum gibt es die Welt? – Die Evolution des Kosmos
ISBN 3-406-44895-X /1999, Verlag C. H. Beck, München

Steven Weinberg: Der Traum von der Einheit des Universums
ISBN 3-442-12641-X /1995, Wilhelm Goldmann Verlag München

Carl Friedrich von Weizsäcker: Aufbau der Physik
ISBN 3-446-14142-1 /1986, Carl Hanser Verlag, München

Anton Zeilinger: Einsteins Schleier
ISBN 3-406-50281-4 /2003, Verlag C. H. Beck, München

Zeitschriften

Bild der Wissenschaft, Abo seit Jahren

Spektrum der Wissenschaft, Abo seit Jahren

Spektrum d. W. Weltraum 1/2013: Kosmologie
Den Geheimnissen des Weltalls auf der Spur

Spektrum d. W. Highlights 3/16: In den Tiefen der Teilchenwelt
Gesucht. Eine neue Physik jenseits des Higgs

Spektrum d. W. Kompakt 03/21: Weltbild im Wandel
Dunkle Energie, Dunkle Materie, Rätselhafte Masse, u.a.

www.Wikipedia.de   dann ins Eingabefeld:

Kategorie:Kosmologie (Physik)

Kategorie:Gravitation

Äther (Physik)
Dunkle Energie
Kosmologische Konstante
Mechanische Erklärungen der Gravitation
Vakuumenergie

Artikel

Natalie Wolchover : Was ist ein Teilchen?
Spektrum d. W., 4/2021, S. 12 bis 18.
Verschiedene Hypothesen
Dazu „Ein neues Bild der Teilchen und Kräfte", dito S. 19 bis 23.

Natalie Wolchover: Gegenwind für die Dunkle Materie
Spektrum d. W., 5/2017, S. 56 bis 62.
Verlinde´s neuer Ansatz für alte Debatte

Sophie Hebden: Große Physik ganz klein
Spektrum d. W.,12/2014, S. 50 bis 55.
Analogieexperimente oft billiger und einfacher

Frank Close: Verborgene Symmetrien
Spektrum d. W., 11/2014, S. 48 bis 52.

Rüdiger Vaas: Relativitätstheorie unter Beschuss
Bild d. W.,11/2014, S. 32 bis 50.
Kosmische Revoluzzer
Einsteins Vermächtnis
Hinweis auf Schwerkraft sei keine grundlegende Kraft

J. Lykken u. M. Spiropulu: Supersymmetrie in der Krise
Spektrum d. W., 9/2014, S. 36 bis 43.
Suche nach tieferem Verständnis für Quantenwelt

E. Sellentin u. M. Bertelmann: Was das Universum
auseinandertreibt
Spektrum d. W., 8/2014, S. 38 bis 47.
Dunkle Energie, wenig Wissen davon

M. Livio u. Joe Silk: Woraus besteht die Dunkle Materie?
Spektrum d. W., 7/2014, S. 64 bis 68.
Keine klare Antwort, Theorien überdenken

Meinhard Kuhlmann: Was ist real?
Spektrum d. W., 7/2014, S. 46 bis 53.
Quantenfeldtheorie, Teilchen und Felder?

Joerg Jaeckel u.a.: Ultraleichten Teilchen auf der Spur
Spektrum d. W., 6/2014, S. 36 bis 43.
Teilchen der Dunklen Materie

Jan C. Bernauer und R. Pohl: Das Proton-Paradoxon
Spektrum d. W., 4/2014, S. 48 bis 55.
Verschiedene Radien des Protons

John Baez: What's the Energy Density of the Vakuum?
http://math.ucr.edu/home/baez/vakuum.html /27.2.2014

Don Lincoln: Das Innenleben der Quarks
Spektrum d. W., 12/2013, S. 46 bis 53.

Frank Grotelüschen: Was die Physiker schwer irritiert
Bild d. W., 12/2013, S. 46 bis 53.
Konstanz der Gravitationskonstante zweifelhaft?

Domenico Giulini: Einstein im Quantentest
Spektrum d. W., 10/2013, S. 56 bis 64.
Tests zum Äquivalenzprinzip

Volker Springel: Der Dunkle Kosmos
Spektrum d. W., 9/2013, S. 60 bis 70.
Dunkle Materie und Dunkle Energie

Thomas Faestermann: Die doppelte Magie des Zinn-100
Spektrum d. W., 6/2013, S. 56 bis 63.
Kernphysik, Atomkern

M. Göger-Neff u.aq.: Große Geheimnisse um kleine Teilchen
Spektrum d. W., 6/2013, S. 46 bis 55.
Neutrinos enträtseln

Dieter Lüst: Vom Higgs-Teilchen zur Weltformel
Spektrum d. W., 4/2013, S. 54 bis 63.
Higgs-Boson gefunden, was nun

Guido Tonelli u.a.: Der lange Weg zum Higgs
Spektrum d. W., 11/2012, S. 54 bis 61.
Suche nach dem Higgs-Boson

Zvi Bern u.a.: Mit Rechentrick zur Theorie der Naturkräfte
Spektrum d. W., 9/2012, S. 38 bis 45.
mit Feynman-Diagrammen

Das Higgs und das Nix – das Vakuum ist auch nicht mehr, was es
mal war
www.scienceblogs.de, 23.7.2012, SS.1 bis 17
Higgs Erklärung und Kommentare

Viel Lärm ums Higgs oder Wie funktioniert das Higgs-Teilchen?
www.scienceblogs.de, 23.7.2012, SS.1 bis 18
Higgs Erklärung und Kommentare

Claus Kiefer: Auf dem Weg zur Quantengravitation
Spektrum d. W., 4/2012, S. 34 bis 43.
Verschiedene Ansätze

Tony Rothman: Die Physik – ein baufälliger Turm von Babel
Spektrum d. W., 2/2012, S. 61 bis 65.
Theoriegebäude mit gewaltigen Rissen

Rüdiger Vaas: 2012 finden wir das Higgs-Teilchen
Bild d. W.,1/2012, S. 61 bis 63.
Interview mit Prof. Rolf-Dieter Heuer

Rüdiger Vaas: Das Weltreich der Finsternis
Bild d. W., 12/2011, S. 40 bis 55.
Dunkle Materie ist unbekannt, Jagd nach der Dunklen Materie

Vlatko Vedral: Leben in der Quantenwelt
Spektrum d. W., 9/2011, S.32 bis 38.
Gesetze der Quantenmechanik

P. J. Steinhardt: Kosmische Inflation auf dem Prüfstand
Spektrum d. W., 8/2011, S. 40 bis 48.
Aufblähen nach dem Urknall?

J. Stachel u. P. Braun-M. Die Jagd nach dem Quark-Gluon-Plasma
Spektrum d. W., 5/2011, S. 86 bis 95.
LHC-Alice Experiment

Timothy Paul Smith: Reise ins Innere des Neutrons
Spektrum d. W., 3/2011, S.40 bis 49.
Atomkern, Quarks und Gluonen

J. Feng und M. Trodden: Der verborgene Bauplan des Kosmos
Spektrum d. W., 1/2011, S. 38 bis 46.
Dunkle Materie und Schwerkraft

Amir D. Aczel: Der Welterklärer
Spektrum d. W., 12/2010, S. 34 bis 37.
Interview mit Steven Weinberg

Tamara M. Davis: Verliert das Universum Energie?
Spektrum d. W., 11/2010, S. 22 bis 29.
Expansion des Universums

Craig Callender: Ist Zeit eine Illusion?
Spektrum d. W., 10/2010, S. 30 bis 39.
Suche nach einheitlicher Theorie

S. Schael und J. Hattenbach: Mit der ISS der Dunklen Materie
auf der Spur
Spektrum d. W., 9/2010, S. 22 bis 31.
Alpha-Magnet-Spektrometer auf der Int. Raumstation

Stefano Vitale u.a.: Relativität auf dem Prüfstand
www.dir.de/rd/fuw /ca. 8/2010, S.70 bis 79
Schwerkraftmessung in Schwerelosigkeit

P. Kroupa u. M. Pawlowski: Das kosmologische Standardmodell
auf dem Prüfstand
Spektrum d. W., 8/2010, S. 22 bis 31.
Dunkle Materie bei Entwicklung von Galaxien

S. D. Bass und G. Samulat: Die Suche nach dem fehlenden Spin
Spektrum d. W., 12/2008, S. 38 bis 45.
Protonenspin ungeklärt

Gerhard Börner: Die Dunkle Energie und ihre Feinde
Spektrum d. W., 11/2008, S. 38 bis 45.
Expansion des Weltalls

Hermann Nicolai: Auf dem Weg zur Physik im 21. Jahrhundert
Spektrum d. W., 11/2008, S. 28 bis 37.
Suche nach der Weltformel

Chris Quigg: Weltbild vor dem Umbruch
Spektrum d. W., 11/2008, S. 12 bis 20.
Standardmodell in Schwierigkeiten, LHC in Bern

Michael Springer: Ein Physiker mit Fernwirkung
Spektrum d. W., 3/2008, S. 38 bis 43.
Gespräch mit Anton Zeilinger

David D. Awschalom u.a.: Spintronik mit Diamant
Spektrum d. W., 12/2007, S. 112 bis 120.
Datenspeicherung

Thilo Körkel: Startschuss für die Suche nach der großen
Unbekannten
Spektrum d. W., 12/2007, S. 44 bis 48.
Suche nach der Dunklen Energie

Rüdiger Vaas: Die Apokalypse des Alex Vilenkin
Bild d. W.,11/2007, S. 54 bis 60.
Ominöse Energie des Vakuums

David Kaiser: Duell der Felder
Spektrum d. W., 10/2007, S. 26 bis 33.
Teilchenphysik und Kosmologie

David Kaiser: Duell der Felder
Spektrum d. W., 10/2007, S. 26 bis 35.
Teilchenphysiker und Kosmologen arbeiten zusammen

C. J. Conselice: Die unsichtbare Hand des Universums
Spektrum d. W., 4/2007, S. 32 bis 39.
Rätselhafte Dunkle Energie

Juan Maldacena: Schwerkraft – eine Illusion?
Spektrum d. W., 3/2006, S. 36 bis 43.
Neue Theorie – Flachwelt?

Carlo Rovelli: Fluch und Segen spekulativer Theorien
Spektrum d. W., 3/2006, S. 108 bis 112.
Bizarre Theorien bringen Fortschritt

Gordon Kane: Das Geheimnis der Masse
Spektrum d. W., 2/2006, S. 36 bis 43.
Was gibt Teilchen Gewicht? Higgs-Feld

Marti Kaupp: Einstein in der Chemie
Spektrum d. W., 12/2005, S. 90 bis 96.
Die Elektronen in Atomen

John D. Barrow u. J. K. Webb: Veränderliche Naturkonstanten
Spektrum d. W., 10/2005, S. 78 bis 85.
Ein Dogma der Physik im Wanken?

H. Ruder und H.-P. Nollert: Einsteins Holodeck
Spektrum d. W., 6/2005, S. 56 bis 65.
Reisen mit Lichtgeschwindigkeit?

Hermann Nicolai: Relativität, Quantentheorie und Große
Vereinigung
Spektrum d. W., 5/2005, S. 84 bis 87.
Gespräch zur Vereinheitlichten Theorie

C. H. Lineweaver u. T. M. Davis: Der Urknall, Mythos u. Wahrheit
Spektrum d. W., 5/2005, S. 38 bis 47.
Expansion des Alls?

Henning Genz: Was ist heute real?
Spektrum d. W., 3/2005, S. 118 bis 121.
Über die Natur der Naturgesetze

Rüdiger Vaas: Drei Klettersteige zum Quanten-Olymp
Bild d. W., 8/2004, S. 46 bis 53.
Neue Wege im Reich des Allerkleinsten

Adam G. Riess und Michael S. Turner: Das Tempo der Expansion
Spektrum d. W., 7/2004, S. 42 bis 47.

Ralf Butscher: Der Stoff, aus dem Atome sind
Bild d. W., 5/2004, S. 86 bis 91.
Rätselhafte Quarks

Michael A. Strauss: Galaktische Wände und Blasen
Spektrum d. W., 5/2004, S. 60 bis 67.
Räumliche Verteilung von Materie

Wayne Hu und Martin White: Die Symphonie der Schöpfung
Spektrum d. W., 5/2004, S. 48 bis 55.
Hintergrundstrahlung

Rüdiger Vaas: Der umgestülpte Urknall
Bild d. W., 4/2004, S. 50 bis 55.
Urknall aus Vorläuferuniversum?

Rüdiger Vaas: Strings gegen Schleifen
Bild d. W., 4/2004, S. 44 bis 49.
Suche nach den Fundamenten der Welt

David B. Cline: Die Suche nach Dunkler Materie
Spektrum d. W., 10/2003, S. 44 bis 51.

Gordon Kane: Neue Physik jenseits des Standardmodells
Spektrum d. W., 9/2003, S. 26 bis 33.
Teilchenphysik im Wendepunkt

Rüdiger Vaas: Ewige Wiederkehr
Bild d. W., 5/2002, S. 46 bis 63.
Urknall für Einsteiger
Hawking & Co.
Ewige Wiederkehr

Rüdiger Vaas: Vor dem Urknall
Bild d. W., 12/2001, S. 44 bis 60.
Am Anfang war die überlichtschnelle Aufblähung
Am Anfang war der Weltenbrand
War am Anfang die große Leere?

Ralf Butscher: Selektronen, Strings und Symmetrien
Bild d. W., 9/2001, S. 46 bis 51.
Suche nach der allumfassenden Theorie?

Gravity seen from different perspective

and the consequences therefrom

Translated by Sharon Prinz

Brief summary

Gravity is not a force of its own but rather a direct reaction of vacuum energy on the presence of matter.

Inertia is the resistance to the shift of a center of gravity in the vacuum energy field that arises when acceleration occurs.

The gravitational constant is a large-scale variable and, among other things, it causes the rotational speed in spiral nebulae or galaxies to deviate from the theory of gravity.

The general theory of relativity can possibly still find application provided the concept "curvature of space" is replaced by the concept "curvature of the vacuum energy isobars".

Paul Bauer studied precision mechanics and optics, worked for years as a development engineer in the field of design and electronics, and was subsequently an independent entrepreneur.

He has always been interested in looking behind the curtain at things, and there are still plenty of mysteries in physics.

As a developer, he is accustomed to first clarifying the cause of a problem and then to and then look for a solution that is as simple as possible.

This is how the idea for the present hypothesis came about along the way, and it may help to clarify known puzzles.

It is important to have a good real basis for the idea, on whose parameters the mathematics can then build. For this purpose also existing theories are questioned, because they obviously did not lead to solutions so far.

A possibility for comments or contact exists at an earlier version of the article: gravitation-hypothese.de.

The text is a working hypothesis on problems of physics.
The hypothesis or parts of it can be used for own work or publications under indication of the source.
No guarantee for the correctness is given.

© August 2022 Paul Bauer

ISBN: 9 783756 219568

Summary:

Preface

In our world there are many things that are actually miracles but which we more or less take for granted – the universe, matter, life, the environment – and all the findings that man has wrested from nature.

One can merely marvel at these achievements of many brilliant minds.

By observing nature, findings and discoveries in earlier times were interpreted based on the level of knowledge available at the time. In the course of time, errors were detected by means of experiments and corrected. Interrelationships were found with the aid of mathematics and many discoveries were thereby rendered predictable and manageable.

But there are still many phenomena that are nowhere near clarification for which explanations are still being sought by scientists throughout the world.

In perusing publications on topics of theoretical physics, such as gravity, inertia, dark energy, dark matter, elementary particles and others, time and again discrepancies are alluded to and the desire for clarifying ideas is expressed.

Reading these articles, one increasingly gets the feeling that in physics something very basic is amiss and that there must be a much simpler explanation, which the authors also more or less hint at.

It now appears to be justified to once again scrutinize self-evident facts.

However, one will only find new answers if one's search is conducted irrespective of the currently accepted school of thought. Over time the prevalent theories and explanations have become ever more complex so that it certainly cannot be regarded as unreasonable to seek answers based on experimentally well-established findings, according to the principle "couldn't there be an easier answer?"

The comparison of geocentric and heliocentric world views from earlier times inevitably comes to mind, in which highly complicated and inexplicable planetary orbits were resolved to the satisfaction of all in Kepler's laws of planetary motion.

The frantic search for dark matter is a contemporary example. A great deal of intellectual capacity and energy is utilized to simply avoid questioning the present standard model and what's more, tremendous costs for experiments are disbursed, even though it is quite apparent that none of these paths will lead to success. The behavior of the scientific community reminds one of an ill-fated fly that repeatedly crashes into a window pane supposing that at some point it will succeed in passing through it, although an open door is not far away.

And no matter how successful the cosmology based on observations employing telescopes such as Hubble or radio astronomy may be the theorists still are not to be budged.

Existing theories are often elaborated with highly complicated mathematics and if something doesn't seem to fit, then one postulates new particles in a process that is nearly akin to an obsession.

But the experiments and observations should be the real starting point. The interpretations may differ as will also the results of the mathematics applied and its predictions. The more exact the conclusions of the experiments are, the more nearly mathematics approaches reality, for mathematics ALONE cannot (yet) make predictions.

Despite immense efforts, the search for dark matter, that is, for axions, wimps or whatever the particles may be called, has not yet led to any genuine findings. It seems almost like the search for the pot of gold at the end of the rainbow.

Even the discovery of several Higgs bosons and the explanations of their interactions with reality are not particularly convincing. Certainly a number of other particles are produced in collisions in the CERN accelerator that in a matter of nanoseconds disintegrate without having any relevant effect or significance in reality. And the discovered Higgs bosons may perhaps merely only be fragments that coincidentally match the predictions of the mathematical theories.

Quantum physics is considerably more successful here, since the results of the experiments and the principles resulting therefrom are extremely realistic and for the most part, they deal with the behavior of matter and the nearly infinite number of interactions and connections of the particles among one another.

In cosmological literature one frequently comes across the explicit remark: "we don't know about this".

Here too, there have been many discoveries in recent years that are truly momentous but which were unknown formerly, for instance at the time Einstein's general theory of relativity was developed.

Thus it is time now – indeed it is long overdue – to reshuffle the cards.

With the following ideas, an attempt will be made to find a way out of the present dead end.

Along the way, these considerations will call into question a number of theories of which we have become fond; this is intentional.

Consequently don't simply discard the following remarks at the outset even though the ideas discussed may seem to you to go against the grain to a great extent or because they revisit concepts which were declared obsolete some time ago. Just study the remarks without prejudice and without trying to reconcile the hypotheses presented with the currently accepted standard model, because that is exactly what is to be queried here.

Maybe in the end you will find that your thoughts have been provoked and you might start pondering about the ideas presented herein.

The following considerations get along completely without mathematics, corresponding entirely to the saying of Albert Einstein: "If you can't describe a thing in words, you haven't understood it." But perhaps someone will find the ideas interesting enough to develop the associated, required mathematics and to make a serviceable theory out of them.

At the Beginning

With some degree of certainty one can assume that in the beginning only a few ordinary ingredients were available.

First of all, there was "space" or a nothingness of infinite expansion, then there was a constant flow called "time" and there was also a medium, a boundless and superfluid, scalar field called "energy", which can manifest itself in various outward forms.

At the beginning of our calendar system, a sort of big bang is hypothesized, whereby in the nothingness and from a singularity that was an infinitely tiny dot of unlimited high density, the entire matter of the universe known to us is to have emerged and to have spread itself out into space in an inconceivably short time. This idea not only appears to us to be extremely fantastic but it rather resembles a mathematical interpolation back to the "nothingness" with unlimited high density, yet it possesses little relation to reality.

Since we cannot know what happened during the previous 100 or 500 billion years, a huge sphere something like a black hole might also, for example, have already existed or possibly several mammoth neutron stars of this prehistoric time collided with one another and thus generated the present big bang and creation might already have been present beforehand.

Or maybe an enormous cloud consisting of that highly concentrated medium called energy was already on the scene, perhaps in a highly critical state, comparable to a balloon filled with explosive gas (although the comparison is truly feeble).

In addition, the notion that time hadn't existed previously and only came into existence along with the big bang is also a speculation that cannot be proven.

Of course, one can choose to believe this if one doesn't claim to be providing a description of reality. Rather, it is fiction, or better, science fiction. At best, one can draw conclusions concerning the distant past by observing the early stars, the light of which is only now reaching us. That is sufficient to carry over a somewhat reliable message-in-a-bottle from the past into the future.

In any event, with the sheer size of the observed universe the currently postulated age of about 14 billion years seems to be somewhat too short.

Besides, we do not know what an observer sees when he peers further into space from the border of the observable universe. Does it look the same there as here, with other stars and galaxies, or does darkness prevail?

What has hidden itself from our view behind the boundary of expanding space, Doppler effects and the speed of light?

We simply cannot know. If anything, these are rather philosophical problems.

Due to an event known as the big bang, a cloud expanded in an explosive manner. Along with this tremendous turbulence, any and every conceivably possible type of small particle developed from the highly compacted energy, whereby most of the particles disintegrated into the energy again since they did not meet the stability criteria for a longer period of existence.

Left over were the elementary particles, of which the matter in our universe consists: electrons, protons, neutrons and photons, that is light and radiation.

This energy then together with the embedded stable particles spread out into space at high speed, in the beginning at an extremely high speed, driven by the high energy density and at a multiple of what we nowadays term the speed of light. The energy density decreased as the expansion increased as did the propagation speed.

During the long period of propagation which is now assumed to have been around 14 billion years, the particles assembled themselves and formed dust, celestial bodies and galaxies, which we can observe by means of astronomical methods.

Vacuum energy, the energy of space

It is somewhat difficult to express in words the introduction to this field of vacuum energy. Vacuum energy is so to speak the prime medium, of which everything consists and which manifests itself in different forms and effects.

This energy is a state of stress and pressure of an amorphous field that expanded in empty space and that is still continuing to expand further to the present day.

As an energy field it has neither granulation nor quantization and thus it is an analog field.

It is superfluid and it therefore does not generate friction with moving particles.

It interacts only with electromagnetic waves, thus also with light, in that it limits the speed of propagation.

This energy field is completely neutral to all particles and it is designated as a scalar field.

It is continually and directly present, it envelops and permeates everything down to atomic nuclei, and therefore it also cannot be screened by material means.

Due to the lack of friction, it does not – or at any rate hardly – impair the uniform movement or the speed of matter, as long as it remains significantly below the speed of light. The impulse of movement thereby remains preserved.

This energy has a high field potential although we are not able to feel it directly, because it is isotropic, thereby maintaining behavior that is neutral. Only a difference in the energy density can produce an effect, a force such as gravity.

A change in the field or a difference in the pressure or density in this energy field cannot expand instantly, but rather at a limited speed with which with a density change in the field can also spread itself out. That is the case for example with gravitational waves, or also when matter is accelerated, since with this there is an associated density change that requires a force effect and this is known as inertia.

A comparison with the magnetic field of a permanent magnet can serve to facilitate better understanding. When one holds a permanent magnet in one's hand, the magnet behaves completely neutral provided there is no magnetic material, for example iron, present nearby. Even with strong magnets one sees or feels no perceptible effect although the magnetic field surrounding the magnet is doubtlessly present in the form of field lines which can immediately be rendered visible by a few iron filings. Furthermore, the magnetic field can penetrate through matter, e.g. through a wooden tabletop, whereby a bit of iron lying on the table, e.g. a cent coin, can be moved by the magnet underneath the tabletop. This leads to the conclusion that no particle is involved in the effect but rather a force or energy field without granulation.

The magnetic field is formed by means of electro-dynamic processes in the atom, it becomes visible as a magnetic circuit and it possesses polarity, designated as a north pole and a south pole. It can also be generated by a current of electrons in a circuit.

Vacuum energy is substantially more elementary, it is permanently present and, independent of its electromagnetic charge, it behaves as a static analog field entirely neutral with every type of matter. In free space, density is largely uniformly distributed and homogeneous but in the vicinity of matter, it becomes variable due to the interaction with matter.

In former times there was talk of an ether to which certain properties were ascribed, but as research developed, this was proven to be incorrect. With the experiment of Michelson-Morley it was proven that the speed of light is not dependent upon the movement of an ether medium; but he did not prove that the ether doesn't exist. Then Einstein with his general theory of relativity more or less closed the book on the subject of the ether. But it seems that he wasn't really so certain about the topic himself.

As one can read in the book by Professor Henning Genz, "Nichts als das Nichts", starting from page 241, Einstein had written in a letter to H.A. Lorentz:
"It would have been more accurate if I had limited myself in my earlier publications to emphasizing the non-reality of the speed of the ether, instead of altogether endorsing the non-existence of it...."
Thus the ideas of the old philosophers were also not so wrong at that time, although they could not know anything about the structure of matter, elementary particles or elements.
Nowadays concepts such as vacuum energy, quintessence and dark energy are under discussion.

In the standard model of cosmology, one postulates an energy field that penetrates everything, the Higgs field, with an energy level close to a zero potential. It serves to explain the inertia of matter. One sometimes cites the comparison with a spoon that is moved inside a jar of honey and that thereby is subject to resistance. However, this is a poor comparison since the inertia does not appear when the speed is uniform, but instead only when the speed is modified, that is, when acceleration or deceleration occur.

And what is the zero potential of the Higgs field?

What is missing is an analogy to a zero point, as is possible for temperatures with 0° Kelvin. The Higgs zero point, quite similar to 0° Celsius, can lie at a very high level. Analogous to the temperature zero point, at which the kinetic energy of the particles of matter comes to a standstill, for the zero density of vacuum energy one could take into consideration the so-called Schwarzschild radius, which is assumed for neutron stars which have compacted themselves to "black holes".
But more about that later.

This so-called "dark energy" is accepted as real by a large consensus and it is supposedly responsible for approx. 70% of the energy content in the universe. It serves to explain the accelerated expansion of space, which is measured with the redshift of light and with the Doppler effect up to the boundaries of observable space (Hubble).

The only thing that is dark about this energy is, in fact, the understanding of it.

In all likelihood, it can be assumed that this dark energy in the standard model of cosmology corresponds to vacuum energy in the standard model of quantum theory, where a much greater vacuum energy density is postulated as opposed to that which prevails in the standard model of cosmology.

There is thus no other particular form of energy needed besides vacuum energy.

Then too, the highly concentrated energy of which elementary particles consist is also a manifestation of vacuum energy as are also magnetic and electrical fields, that is, light and radiation.

If space were as empty as is currently assumed or only filled with the zero-point energy of the Higgs field and some radiation, then when matter is accelerated it would not be opposed by any significant type of resistance and it would be questionable whether inertia even exists at all, because matter consists to the least extent of elementary particles, to the greatest extent of the space among them.

Then a mass in empty space could be accelerated to any arbitrary speed. A curvature of space would not represent an obstacle.

But that is obviously not the case. The medium that sets the limits is vacuum energy. As a static energy field, it fills space, is superfluid, has no particles and can therefore expand very fast and adapt its density.

Its speed is limited only by the speed with which light, and thus radiation as well, can travel. This includes the fact that in this vacuum energy field, compensating currents and large-scale differences in density can occur, requiring time for the balancing process.

96

One can imagine this as being similar to such a process with air, but at an entirely different level, since here there are no particles that must be moved as when gas is involved.

Due to the bloating of the energy bubble into empty space when the big bang occurred, the pressure of the energy caused the medium along with the existing conglomerations of matter to expand, just as is sometimes described with the "yeast dough" comparison.

Because the energy bubble spread itself out into empty space, the pressure of the energy naturally had an accelerating effect on the expansion as was measured at the boundary of the observable universe by means of the redshift of the spectral lines of stars and galaxies by the Doppler effect.

Matter and particles thereby received an impulse and swam along in the expanding energy field. They were thereby coupled to the expansion of the energy field; a change in this coupling would necessitate a force, an expenditure of energy. Matter is only slightly accelerated by the pulling force.

Gravitational force does not play a noteworthy role here because it has an effect virtually only between particles of matter and it can thereby only elicit shifts among conglomerations of matter. It hardly exhibits an influence on the expansion process and nearly no influence at all on the contraction of space, as was sometimes under discussion in the past. According to observations, expansion takes place at a relatively moderate speed. How quickly the vacuum energy field spreads out into empty space cannot be determined since one can only observe the movement of matter, hence the movement of stars and their light.

And even that is an observation that is billions of years old.

Indeed, it might also be that the energy density extending into space decreases at its edges and the expansion speed is thereby restricted.

After all, who knows what can be seen towards the "outside" at the edges of the universe?

The so-called big bang thus caused a great stir and particles, which we call matter, were formed.

These particles of matter, protons, electrons and neutrons are manifestations of vacuum energy, highly concentrated and conditioned as vibratory entities, each with a uniquely defined quantum of binding energy. They fulfill certain stability criteria and are therefore stable over the long term. Photons as well, that is, particles of light or electromagnetic waves, are included here.

Besides these, a multitude of other particles have also been discovered that disintegrate again following a rather short lifespan because they apparently do not fulfill the fundamental prerequisites for stability.

The relationship between energy and matter is well-known $E=mc^2$.

The primordial medium, vacuum energy, is a purely analog field due to the lack of granulation.

Only by means of quantization of the originally highly compressed vacuum energy was it possible to first create particles that were subsequently united to form atoms and elements with which the almost endless diversity of nature and life itself could be generated.

And proceeding from these, the smaller and larger conglomerations of matter and ultimately the celestial bodies and galaxies also developed.

For the smaller dimensions present at the atomic and molecular level of matter, quantum physics determines matter's rules of behavior. However, when greater conglomerations are involved, the individuality of the particles disappears in the great volume and a transition occurs to analogous behavior as takes place with the energy field of vacuum energy.

In order to be able to get an idea of the proportions inside an atom, let us utilize as example a hydrogen atom consisting of a proton as the atomic nucleus and an electron as the electron shell and compare this with commonplace dimensions.

If the proton had the size of a pea with a diameter of approximately 5 mm, then the electron with the size of a poppy seed (the actual size is still not known) would travel its path in a circle with a diameter of about 300 m (meters!). The proportions in the atoms of the other elements are similar, whereby the atomic nucleus would then have approximately the size of a cherry and the electron paths traveled would then be up to twice the size of the path with the pea. The example shows that matter consists predominantly of empty space with only a tiny part of the concentrated energy of the particles of matter.

If space were actually empty or only extremely lightly filled with the Higgs field or zero point energy, then the energy nodes of the elementary particles would also be quite disoriented in that nothingness and at best only held there by the electromagnetic elementary charges. Then the atoms with the electron orbits would also be very fragile structures and would not possess the familiar stability. There must therefore be something that imparts to these nodes a sort of basis, a certain type of corporality for their real existence. And since there is nothing else present, an interaction with the surrounding vacuum energy is highly probable. But that cannot be just a light whiff of an energy field such as the Higgs field with its zero point energy, but rather something more substantial as is postulated for vacuum energy in quantum physics. For it is solely such interaction of the elementary particles with such high-density vacuum energy that then enables gravitational force and inertia.

Gravity

The effect of gravity is continually present; it is without interruption and it is uniform.

In addition, it is absolutely essential for our existence.

All the elementary particles of which the elements and matter are comprised are subject to gravity, completely independent of their state of charge.

It is life's perpetual companion but up to now, no one has come up with a convincing explanation of what generates this force effect. According to Albert Einstein's general theory of relativity (GR), gravity is caused by a "space time curvature". Employing differential geometry, the general theory of relativity describes the behavior of a space time structure in which matter is present. That is an abstract mathematical, geometrical statement, but it makes no claim about the medium or substance in which the interactions of mutual attraction of matter take place.

The "space time curvature" statement in GR is not a convincing explanation. An entirely irrational characteristic is thereby attributed to space, the location in which everything happens. It is so to speak plucked out of the air.

Up to now, "curved space" has been proven by no one.

There must be another explanation for the nature of gravity and the nature of inertia.

The effect of gravity however is described very exactly by the general theory of relativity and frequently proven. It is therefore conceivable that, as a mathematical theory, it can also be applied to other "media" with exactly the same behavior.

Since gravity manifests itself by means of matter, the idea seems obvious that gravity comes into being as the result of the interaction with a less abstract medium of the surrounding space, of vacuum energy.

Moreover, gravity effects even the smallest particles, e.g. electrons. Thus one can assume that, in contrast to electromagnetic forces, there is no mechanism contained in the elementary particles that produces this force of gravity.

Every particle floating in the vacuum energy field is a node of concentrated energy.

These nodes disturb the uniform distribution of the energy in the field. To compensate for this, the field reacts to the particles with a weakening of the field, that is, with an energy sink that offsets the mean energy density. The energy sink takes place spherically, symmetrically around the particles in such a manner that in each imagined spherical shell the field density decreases by the same amount of energy in the direction of the particles. The field density is thus reduced with the radius squared up to the surface of the particles, to the same extent as that with which the surface of the spherical shell is reduced, in an entirely analogous manner.

This quadratic function is to be found frequently in nature.

As an example of this let us use a light source, whereby the change in the brightness behaves precisely inversely as the distance increases. E.g. a light source illuminates a surface with an area of 1 m² at a distance of 1 m, thereby generating am illumination of 1 lux. If the surface is now set up at a distance of 2 m, then the illumination is not ½ lux, but only ¼ lux, because the light distributes itself over 2 m x 2 m = 4 m². For a distance of 3 m, we have 3 x 3 = 9 m² and thus only 1/9 lux. Conversely, at a distance of ½ m, the illumination amounts to 4 lux.

For a spherical surface the behavior is the same – when the diameter is doubled, the surface obtained is 4-fold.

Light possesses the peculiarity that it is comprised of light quanta or light particles. An individual light quantum does not divide itself up, it remains whole. But with an increase in the distance the light quanta spread themselves over the larger surface thereby decreasing the impression of brightness. Only for this reason are we able to observe far away stars; one must merely capture a sufficient number of light quanta and thus one designs telescope mirrors as large as possible in order to obtain enough brightness to be able to see.

Gravity behaves according to this same inverse square law: doubling the distance between two bodies results in ¼ of the force of attraction, the well-known law of gravity.

Yet gravity as a force field has no particles, it is rather an analog field and acts statically, entirely uniformly, down to the smallest particle.

How does this force effect come about?

Assuming a particle is floating in space surrounded by vacuum energy that is everywhere present. Vacuum energy reacts to the concentrated energy of the particle by generating an energy sink around the particle thereby restoring the energy equilibrium of the vacuum energy in the environment of the particle.
The form of the reduction takes place according to the familiar quadratic function with the radius of the interval, as described above.

The degree of the reduction results from the amount of vacuum energy bound in the particle. The extent of the reduction is theoretically unlimited, yet as the distance to the particle increases it once again practically approaches the normal energy density due to the quadratic reduction and its effect is thereby relatively quickly reduced.
If one has a conglomeration of particles, the effect of the field reduction adds up and the extent of the reduction becomes relatively larger. Each particle is coupled to the ambient, omnipresent vacuum energy through the energy sink.
The field density balance is an analog static function, a gradient sphere, that is, so to speak an aura surrounding the particle.
It is not an exchange particle so that it does not require or involve a graviton or similar.
The well-known incompatibility between the theory of gravitation and the quantum theory thereby dissolves itself since a quantization of the gravitation of the energy amount that is bound in the elementary particle occurs. A theory of quantum gravity is not necessary for this and it is also not reasonable due to the analog static behavior of the gradient sphere.

Furthermore, the quadratic decrease of the vacuum energy density in the direction of the particle ends at its boundary surface. Other functions and principles are valid inside the particle. Hence the particle, surrounded by its sphere, floats force-free in the vacuum energy field, surrounded and permeated by the omnipresent vacuum energy.

When two particles come closer to one another, due to the energy sinks, the field density on the sides facing one another is lower than that on the outsides and consequently the spherical shells of the field density are distorted and pulled apart in the direction of the particles.

This in turn produces traction that is exerted towards the particles, amounting to a compressive force on the outer sides. The potential energy is thereby transformed into kinetic energy. When the particles converge, the kinetic energy is transformed into thermal energy which is also a form of kinetic energy.

The two particles now have a sphere or energy sink which encompasses both of them in common. To separate the particles, this expended energy must again be supplied so that they can come out of the sink once again.

If a smaller component, for example a stone, is situated in the vicinity of a larger component, for example the earth, then the gradient sphere of the stone that is actually spherical in shape will be distorted in the gradient sphere of the earth. The sphere of the stone will be pulled towards the earth because the vacuum energy density of the earth sphere is lower than on the outside. Thus there arises a density difference between the side facing the stone and the side facing away from the stone; this difference becomes noticeable as a force effect. The stone will thereby be accelerated towards the earth and it falls at increasing speed until it strikes the earth's surface.

The distortion of its sphere, however, does not end there but rather it remains as the static force of attraction that we commonly refer to as the force of gravity.

Each individual atom of the stone experiences this force of attraction, the sum of these forces is designated as weight. And since a smaller earth (e.g. the moon) in the sum of its parts also generates a slighter field reduction, the weight of the cited stone is respectively less on the moon than on the earth.
This can be calculated by the well-known law of gravity.

Gravity is therefore not a force that emanates from matter itself but rather it is a reaction of the omnipresent field of vacuum energy on matter and it can only cause an attractive force.
It has an effect on all particles independent of their electrical charge. Furthermore, it cannot be screened off, at least not with screens consisting of matter since vacuum energy permeates everything – even the space between an electron shell and an atomic nucleus – and thus even very dense matter merely has the effect of an insect screen on vacuum energy.

The mass of an atom is mainly concentrated in the nucleus of the atom whereby the diameter of the atom is determined by the electron shells. For a hydrogen atom the nucleus, a proton, is nearly 2000 times more massive than the electron of the shell; for an oxygen atom the relationship is even almost 4000 times more due to the neutrons in the nucleus.

However, the gravitational effect of the atomic nucleus at the diameter – that is, at the electron shell – is already about 4 billion times lower than at the nucleus itself due to the quadratic reduction. Accordingly the force of gravity is termed the smallest of the four defined fundamental forces. In its effect, however, it is dominant because it is added to the number of atoms of a body and not neutralized as occurs for electrical charges.

Inertia

If a particle (regardless of whether it is an atom, a stone or a celestial body) is present in space at a great distance from other particles, then it floats as it were in the ubiquitous ocean of vacuum energy. Also, it does not notice any movement or speed, since vacuum energy – due to its superfluidity – does not exert frictional resistance, but rather in a certain sense it simply flows around the particle.

As described above, the ball-shaped gradient sphere has been built up around the particle and near the particle it exhibits decreasing density, a sink in the vacuum energy.

It thus swims around force-free in the surrounding vacuum energy and is linked to the vacuum energy field by the extent of the sphere.

If an exterior force is now applied to one side of the particle, then the ambient gradient field will be compressed towards the direction of the force; away from where the force originates, however, it will be stretched.

Vacuum energy now seeks to restore the ball-shaped gradient field; it cannot do so instantly but only with limited speed and it thereby exhibits a resistance against the compression. The resistance is proportionally dependent upon the amount of energy stored in the particle, thus also upon the number of its atoms and the intensity of the thrust. With the force applied, the particle starts moving; its speed increases each second by the same amount and the particle moves faster and faster, it is accelerated. When the thrust ends, the sphere quickly regains its ball-shaped form.

Thus inertia comes into existence by means of the shifting of the center of mass with respect to the surrounding gradient field and only manifests itself by means of acceleration, a force effect on the mass particle. The speed is comparable to a sort of swimming in the vacuum energy field, it does not cause a deformation of the particle sphere and thus it has no effect. The particle then moves uniformly at the speed ultimately reached, in accordance with the familiar law of motion.

Inertia is the term used for the resistance that the particle exerts to counteract the change in its speed. Inertia is produced by the deformation of the gradient field of the vacuum energy that surrounds the particle, hence according to the same cause of the effect as the gravitational effect described above. Therefore both effects are equivalent; this is the well-known principle of equivalence.

For the acceleration of the particle by means of a force an expenditure of energy is necessary, the speed that the particle reaches is kinetic energy. In order to decelerate the particle the same energy must be applied in the opposite direction.

Now why does a particle float around at uniform speed without resistance in contrast to acceleration which requires force?

For better understanding let us use an ideal fluid that is friction-free, that is superfluid and homogeneous and thus has no particles. A sphere-shaped body is to move around within the fluid. The fluid should have a high density and accordingly it should be under pressure.

As long as the fluid and the sphere are at rest, pressure is applied to the sphere completely uniformly and nothing happens.

If the sphere moves uniformly in the dormant fluid, then the sphere pushes the fluid in front of it away and for this a force is needed. The fluid floats around the sphere and closes its path again behind it as a result of the pressure applied. This requires a certain amount of time.

Consequently a pressure is applied on the back side of the sphere, a force that propels the sphere forwards. Since the fluid is a superfluid, no loss due to friction is generated and the two forces balance one another exactly so that the sphere continues swimming at a constant and unvarying speed.

If the sphere is now pushed by an exterior force, its speed increases. The fluid continues floating around the sphere but now, because the sphere has moved faster than the fluid, an interval is created behind the sphere which produces a pressure reduction. The pressure cannot balance itself directly and thus exerts resistance to the increase in speed, the force of inertia. As long as the exterior force is applied, the speed of the sphere keeps increasing, it is accelerated. If the exterior force is no longer applied then the sphere continues swimming at the new speed.

The required exterior force increases in proportion to the mass and the acceleration.

Applied to vacuum energy instead of a fluid, the procedure takes place in the same manner, whereby compared to the mass inertia, gravity amounts to a continuous acceleration.

The standard model also postulates a force field or energy field that permeates everything, the Higgs field. This Higgs field refers to the Higgs mechanism and a particle, the Higgs boson, and is only understandable with the aid of mathematics.

Based on the vacuum energy described above, it is not necessary that a particle be present in order to explain the effects of gravity and mass inertia.

It is a fundamental effect of vacuum energy on the presence of matter.

Every particle floating freely in space is exposed in equal measure to mass inertia.

If space were truly empty as indeed was postulated by the elimination of the ether, then it would be possible to accelerate particles to an arbitrarily high speed by means of an arbitrarily long-acting force, nothing would prevent this.

Then there would also be no gravitational effect as described above and thus also no mass inertia. One might say: the universe wouldn't function then.

Centrifugal force

Centrifugal force is another manifestation of mass inertia.
If a particle that is moving forward in a straight line is pushed out of its course by a force applied to it laterally, a deformation of the gradient sphere results. The sphere responds; it opposes the deformation by creating resistance, as described above. The force is a transverse acceleration and generates an increasing path deviation, as long as it is in effect.
Upon cessation of the lateral force the particle again moves in a straight line, but in the new direction.

The circular movement thereby represents a special case. As an example, let us use a ball fastened to a rope, the other end of which is attached to an axis of rotation. Work is required to set the rotation in action, acceleration energy. When the rotation of the ball on the rope is uniform, traction is in effect in the rope that continually draws the ball in a circular path. The vacuum energy sphere of the ball is thereby continually uniformly distorted thus producing a force that is active towards the outside in order to make the ball perfectly round again, centrifugal force.
Since the traction in the rope and the centrifugal force balance each other exactly and the radius of the path does not change, no additional energy is necessary just as is the case for movement in a straight line. The ball would continue to constantly rotate provided it would not be decelerated by bearing friction, air resistance or similar. Should the rope break, the ball once again flies straight ahead at a tangent, starting from the instant the rope breaks.
For an increase in speed, supplementary energy is needed which one regains again when deceleration occurs. If the rope is shortened, there is an increase in the angular speed, in the path speed and thus also in energy, the angular momentum remains the same. All of this is known to us and conforms to the laws of dynamics.

For a celestial body, the function of the rope is taken over by the sphere of the celestial body, as described above in the section on

108

gravity. The celestial body and the satellite attract each other mutually; the centrifugal force presses the satellite outwards so that it circles the celestial body on an orbital path in which the gravitational force and the centrifugal force are balanced. The satellite as it were falls continually around the celestial body. Since no other force is being applied to the satellite, it moves on a stable path of the same energy density as the sphere around the celestial body, that is, on an "isobar" of the sphere. The earth as well travels on its circular path on such an isobar of the sun. The orbit may thereby also be elliptical, whereby the mean value of the orbital energy of the satellite remains the same and oscillates between potential energy and kinetic energy as this is described in Kepler's laws.

When other celestial bodies are nearby, the path can become somewhat "bent out of shape" by the overlapping of the respective gradient spheres and the isobars may also become bent.

In the theory of relativity this is referred to as the curvature of space.

The general theory of relativity

In the general theory of relativity (GR), gravitational fields are described as the curvature of space. A characteristic is thereby ascribed to space which is completely without foundation. Einstein more or less pulled it out of thin air, perhaps because by the elimination of the ether he simply had no other possibility.

No other characteristic is attributed to "space" except that it is present as "nothing" and in an endless magnitude as the location in which everything happens.
And it must not first be created as an expansion of space as that is postulated in GR. The bubble of vacuum energy produced at the big bang that now entirely fills the universe that we can observe expands due to the pressure of its energy and flows off, down into empty space. Since the pressure of the energy is continually applied, the expansion is accelerated, as was observed by Edwin P. Hubble. A type of "dark energy" is not needed for this. It can be assumed that the energy density of the vacuum energy and thus also the energy pressure at the edges of the expansion decrease, that is, the pressure has become less, thereby slowing down the speed of the expansion. Here the Hubble constant ought to be subjected to renewed consideration.

It can furthermore be assumed that the quantity of vacuum energy remains stable and that therefore the energy density and thereby also the pressure of the energy decrease during the course of time due to the observed expansion. Of course, this will only make itself noticeable in billions of years due to the utterly extreme size of the universe and therefore it can hardly be measured in human time frames.

GR is set up on the basis of Riemannian differential geometry so that as a mathematical structure it has no direct relation to reality and is therefore for the most part independent of the application or matter on which it is utilized.

110

Thus it makes sense to apply it from a different point of view that behaves in an entirely analog manner. The formalism can therefore be employed on the hypothesis described here in that, instead of the curvature of space, a similar curvature of the gradient field of the vacuum energy, that is the "isobars" of the same energy density, may be employed in the sphere surrounding the matter. The curvature of the isobars thereby results from the spherically symmetric sink of the vacuum energy in the direction of the center of gravity of the matter. If the spheres of various bodies overlap, then aspherical paths of the isobars result.

Celestial bodies, planets and satellites move on paths of the same isobars since altering the energy level of an isobar requires an expenditure of energy in the form of a force. Even elliptical orbits with their interplay between kinetic energy and potential energy, as they are known from Kepler's laws, remain on average bound to the isobars as long as no other external influences come into play. The calculation of the orbits can then quickly become quite complicated or possibly even unstable. The well-known three-body problem comes to mind here. But the orbits conform to the calculations produced by GR, perhaps with small corrections, in case it should be established that the speed of light is not a general constant, as is currently assumed at the present.

With all due respect for the feat that Einstein accomplished during the time periods 1906 and 1916 with the special theory of relativity and the general theory of relativity, they are both a blessing and a curse. A blessing because the behavior of gravity was described exactly with differential geometry and verified as correct in many tests, a curse because the successful tests and the underlying mathematics have given rise to what nearly amounts to a ban on the free thinking of scientists and there is hardly anyone who seriously challenges the assumptions made. Thus, what the real cause of gravity is has not yet been clarified up to today.

The curvature of space is a rather irrational concept.

111

Moreover, the reviewers have constructed a filter for publications which prevents almost every new idea. It is said that even Einstein's revolutionary articles would not manage to succeed nowadays. Granted, there is a good deal of chaff present, yet countless biographies of the past show that even laypersons and autodidacts have found many a grain of wheat. In this respect, ignorance rather than discussion is not such a good solution.

The speed of light

The Michelson-Morley attempts were designed to test whether the speed of light in the direction of the orbit of the earth was increased by the speed of the orbit and consequently faster than in the transversely direction. That was not the case, the speed of light was equally fast in all directions and no dragging effect occurred. The ether theory was thereby also refuted by this. The trials showed that light is not influenced by ether currents but they did not prove that ether does not exist. Einstein consequently postulated that ether as a carrier medium for light did not exist.

But at the same time he had his doubts, as already described above. Besides, he was in a pickle, for he then no longer had anything upon which he could base his theory of gravity. The only possibility remaining was to attribute to space itself the geometric characteristics of GR in the form of the curvature of space.

In order to test whether a pulling force could be observed in a magnetic field by adding the flow of the magnetic field lines to the speed of light, I constructed an experimental setup employing an interferometer. The beam of a red light laser was thereby split and the two resulting beams were each led through a 0.5 m long hollow coil. As was to be expected, the overlay image of the light-dark stripes was displayed on the monitor at the output.

No change was discernible on the overlay image when current was applied through one of the coils and supplying current to the other coil in the same direction also brought no change in the image. Similarly, changing the direction of the current for one of the coils also showed no effect and there was also no effect for the other coil or for both. If one goes on the assumption that magnetic flow is a dynamic characteristic of vacuum energy, as opposed to the static characteristic with which the gravitational effect is generated, then this experiment, just as the Michelson experiment, shows that the speed of light is not influenced by the movement or the flow of vacuum energy. Thus the speed of light is exclusively dependent

113

upon the local density of vacuum energy only and thus it is the same in every direction.

Light, as an energy quantum, is an electromagnetic wave, a photon and it has no rest mass. It can therefore move at maximum speed in space, limiting speed "c". This is true in general for electromagnetic waves whereby the light that is visible is merely a small section of the total spectrum, extending from long-wave radiation to ultra-short-wave radiation.

Light is produced by the interaction between particles and matter and is therefore a secondary aspect of vacuum energy. Depending upon the wave length, the electromagnetic wave can be created by an oscillating circuit and emitted by an antenna or it can be emitted as a light quantum – as a photon – by excited electrons from the atomic shell. It can also arise as short-wave X-ray radiation when fast electrons encounter a metal surface, during nuclear processes such as nuclear fission or also as secondary radiation when fast particles impinge upon matter in the universe.
To facilitate understanding here and for purposes of clarity, the following discussion will refer to light in our spectral range, the description is naturally valid for all electromagnetic waves.

A light wave is a quantum of energy that travels in a straight line in a vacuum, that is, in airless space, at a speed "c". Such a light quantum or photon thereby has characteristics similar to a particle; moreover, even at great distances it is not scattered. One might almost think of the quantum of energy of a photon as rotating in a circle on a plane like a frisbee and moving forward at maximum speed. An indication of such a plane of oscillation is the polarization of light when light waves with the same plane of oscillation are permitted to pass through a narrow gap, while being blocked transversely thereto. Circularly polarized light then appears not to travel in the direction of rotation but rather transversely in a screw-like manner in the direction of the axis.

114

Owing to the particle characteristics of a photon one can see the light of stars located very far away. But because the light from a light source is dispersed in a particular angle of radiation, as the distance increases the individual photons are distributed on a surface that increases in the square. The impression of brightness is consequently reduced.

For example, that is why telescopes must have mirrors that are as large as possible so that sufficient photons can be captured. The radiation of electromagnetic waves from an antenna is effected in the same way: doubling the distance results in a quarter of the field intensity.

With a laser the angle of radiation can be kept very small, whereby in the ideal scenario the photons are radiated in parallel. This results in a large range of the beam of light.

Light or electromagnetic waves are barely influenced by vacuum energy; it is only the speed of light that sets limitations. Furthermore they are not deflected by magnetic fields and that appears unusual for an electromagnetic wave. The polarization plane can be turned in the magnetic field only for polarized light, a fact that was already discovered by Faraday in the year 1845. Besides this, the effective cross-section of the light quanta seems to be very slight so that light beams that encounter one another coming from different directions can pass through one another without mutual obstruction.

In optics this enables light paths that intercept and permeate one another unhindered.

Why, however, does the speed of light have the value of approx. 300,000 km/s?

That suggests that the limiting speed c is a "material parameter" of the vacuum energy density and not a general constant but rather dependent on the local vacuum energy density. When the vacuum energy density is lower, the speed of light is also lower.

And in the expansion phase shortly after the big bang it was respectively many times higher. As we know, the speed of light in a medium (gas, liquid, solid body such as glass) is lower than in a vacuum and it is defined by the index of refraction n.

For example, the wave length of a green light wave is about 5,000-fold greater than the size of a hydrogen atom. The space between the electron shell and the atomic nucleus is enormous in relation to the size of the elementary particles consisting in essence only of space filled with vacuum energy which decreases exponentially in its density in the direction of the nucleus, as described above.
Hence one can assume that for the passage of the light wave through the material medium there exists a mean vacuum energy density corresponding to the index of refraction n.
It is also to be expected that the light wave passes through the space between the atomic nucleus and the electron shell with nearly no restrictions whereby the vacuum energy density is reduced between the more or less densely packed atoms and the light travels slower due to the reduced vacuum energy density.

Should light quanta with suitable frequency encounter electrons of the atomic shell then the electrons are stimulated and take up the energy of the photons. Then the material medium becomes opaque and heats up or it again radiates light from the electrons. It is quite unlikely that light be produced by passing through optical media via the electron shell since there a high dispersion of the light quanta would be expected.
For this to occur, the exit angle leaving the electron shell would always have to conform exactly to the entry angle, which does not seem plausible. What is observed is merely the refraction of light at the entry and exit surfaces of a clear glass body, no dispersion, with the exception of the fact that differing wave lengths of light, or colors, differ greatly in their refraction.
But that does not exclude the stimulation of electrons by light quanta with suitable frequency as is well-known in applications using lasers. There, by means of multiple reflections, light is sorted

out in such a way that only rays running in parallel to one another remain.

The speed of light in a vacuum "c" is currently assumed as a basic constant and it serves as a reference value for the other dimensional constants. However, according to the thinking presented above, the "constant c" also changes when the density of the vacuum energy changes. Yet we would not notice that since no truly absolute reference dimension is available. A change would be eliminated from the other values as well, because "c" is contained in the units of measurement. Using the speed of light as the basic constant is rather questionable in view of the above considerations. In the vicinity of the earth, which travels in its orbit around the sun in an isobar of a certain energy density, not perceptibly much will change for "c", but it could play a role in larger dimensions e.g. outside of the outermost planetary orbits and the severely weakened gravitational field of the sun.

The vacuum energy density is somewhat larger there and consequently also the speed of light.

On the other hand, the density of vacuum energy will change so slowly because of the observed expansion of vacuum and the huge size of the universe that, measured according to human time, the use of "c" as a constant can be entirely acceptable. There is no genuinely absolute standard in sight. Would one accept "time" as a uniformly flowing (virtual) medium, the measurement could be dependent upon the density of the vacuum energy, even for atomic clocks.

An experiment to verify this will not be possible on earth; the eccentricity of the earth's orbit is too slight. If one could make a measurement in the vicinity of the sun, perhaps near the orbit of mercury and in comparison to that a measurement between the orbit of mars and the asteroid belt, then a very small value might be measurable.

During solar eclipses it has been observed that light in the gravitational field of the sun is deflected around the sun, just as this was predicted with Einstein's GR.

117

It is argued that this is based on a space curvature resulting from the gravitational field of the sun. If as basis, instead of the curvature of space, one assumes the also spherically curved isobars of vacuum energy, as described above, then the deflection is produced rather by refraction or light diffraction as per the principles of optics, when a beam of light passes from a more dense into a thinner medium of vacuum energy. This is due to the fact that the speed of light is slower in a thinner medium than in a denser medium. This is employed in optical fiber technology, in which a glass with a greater index of refraction is positioned in the middle of the fiber that towards the edge of the fiber passes over to smaller indices and these are denoted as graded index fibers. The beam of light is thereby repeatedly deflected towards the middle of the fiber. The more densely the atoms of a particular matter are packed, the thinner the medium vacuum energy becomes due to the overlapping spheres of the atoms.

For example, the speed of light amounts to approx. 200,000 km/s for common window glass. In the vicinity of the sun the density of vacuum energy is less than at greater distances from the sun, as described above under the topic gravity, thus the light is bent around the sun.

A gaseous atmosphere present near the sun hardly plays a role here since this was already clarified by Einstein and others.

With the observed gravitational lensing the light from the more dense vacuum energy enters a thinner gradient field around the sun, it is redirected and leaves again exhibiting a slightly altered angle, termed the lensing effect. Light is thereby shifted to blue with the shorter wave length and then again to red with the original wave length. The frequency, that is the number of oscillations per second, is thereby not changed. Furthermore, that is the red shift of a wave length that leaves the gravitational field of a star and passes into open space. This shift to a longer wave length known as the Doppler effect occurs due to the light wave's loss of energy when it passes over from the lower energy isobars surrounding the star into open space. Or in other words, the light wave is stretched while maintaining the same frequency because the speed of light is higher in the larger vacuum energy density of open space.

The same thing also happens when the beam of light passes over from an area with a lower speed of light into an area with a higher speed of light. With glass, for example, a light beam is compressed upon entry, that is, the wave length is shifted to blue and upon exit it is stretched again to its original wave length. In the event of oblique light entry, the well-known process of refraction and several other features are generated when light is emitted.

Light always moves in vacuum energy with the speed of sound "c" that is valid at the site.
As described, it is lower in an area with a lower vacuum energy density, hence in the environment of matter.

When light is emitted from a location, it moves to the right or to the left at speed "c".
Light cannot act otherwise for it is always travels with the speed of sound valid at its current site, independent of the direction from which it comes. Although relative to one another the beams travel at a speed of 2"c", at their site only at speed "c", but they can be observed from different directions. If two spaceships approach one another then they also receive light from one another with speed "c" valid at their site, but the relative difference in movement can be recognized via the difference in frequency, the Doppler effect.

Via the Doppler effect one can recognize with what supplementary kinetic energy a light wave is loaded and whether the light source is approaching or departing.

Vacuum energy is present in the entire universe, but not everywhere with the same density.

Thus also there are currents in the vacuum energy field from balancing processes that take time. They can result from stellar explosions, from galaxies that shift in respect to one another or also from density differences in the range of billions of light years.

The light from distant stars travels on the long path from its source through these zones, it passes stars and galaxies and it also passes through thin interstellar gas. It is thereby deflected from its straight path, it dips into and then again out of gravitational depressions like light at the edge of the sun and it is slowed down in clouds of gas. All of these draw on the energy potential of the photons and bring about a red shift of the light.

By means of the spectral red shift it is possible to calculate with the Hubble constant how quickly the stars distance themselves from us based on the barely observable edge.

Consequently there are several factors involved that do not tend to make this escape speed unequivocal, but instead they tend to render it uncertain. First of all there is the accelerated expansion of the universe, that is vacuum energy in open space, then the possible loss of energy due to the billions of light years it requires to travel the long path and besides there is the possibility that the thinned out vacuum energy density runs off into space. That would also lead to a red light shift, when the light must rise into the higher density of the vacuum energy.

The same procedure takes place with light that rises out of the vacuum energy depression of a star into open space, which is termed gravitational red shift.

Gravitational waves

According to existing findings, gravitational waves also spread out at the speed of light, which indicates a close connection between two such different things as light and gravity. Obviously they both have a common medium (vacuum energy), that as a superfluid energy field with a high degree of "stiffness" enables the high speed "c".

Gravitational waves can come into being as the result of a stellar explosion such as the collision of two neutron stars or black holes and they can be measured as an alteration in the vacuum energy density; they spread out in space similar to sound waves in spherical or club-shaped forms as longitudinal waves from their point of origin into open space.

This change in density can be measured by means of a suitable test section according to the above mentioned view by minimal deviations in the speed of light. An identical measuring section positioned transverse thereto does not generate a differential signal so that it is possible to determine the direction from which the gravitational waves come.

Due to the quadratic dependence the effects of such a gravitational wave weaken very quickly and at more significant distances they can only be measured with great difficulty.

Contrary to this, light emanations have a nearly endless range; they also weaken in proportion to the square of the distance whereby the light particles or photons are distributed on continually increasing surfaces while the individual photons remain undivided.

The speed of normal sound in matter is dependent upon the density and thus it rises from gases to fluids and solids. The sound is thereby transmitted via molecular movements and pressure variations; the molecules thereby remain essentially in place, they are merely shaken.

The situation is exactly the opposite for the speed of light. The more densely the matter is packed, the thinner the vacuum energy within the matter becomes because the spheres of the individual atoms lie closer together.

As an analogy to the speed of sound in matter, one can make a comparison with the speed of light in vacuum energy.
Vacuum energy has a high energy density and as energy field it is homogeneous without graininess.
With reference to the speed of sound it behaves seemingly like a solid body.
It is superfluid without friction and as field it has (almost) no inertia. Here the term "almost" means that a pressure change even in vacuum energy can spread only at a finite speed, which is dependent upon the field density. Due to the stated characteristics, the speed of sound is very high, namely approx. 300,000 km/s.

Gravitational waves, in the meantime discovered and measured, represent a strong argument for this and they may be regarded directly as sound waves emanating from gigantic events.
For this reason the speed of light and likewise of gravitational waves is specified at approx. 300,000 km/s and not at 400,000 km/s or even arbitrarily fast.
However, that can change with the progressive expansion and the decrease in vacuum energy density and make itself observable in several hundred billion years (provided that there is then someone there who can measure it).

An interesting idea exists regarding the measuring of gravitational waves.
Because of the deviations in density emanating from the site of the event, e.g. due to stellar explosions or the collision of black holes, gravitational waves are longitudinal waves.

Measurements are currently made with interferometers – that is with laser light – on two measuring sections offset by 90 degrees and the phase comparison of the light waves.

If one of the measuring sections points toward the event and if the wave length of the density deviation is equal to or less than the length of the measuring section, then the deviations from the speed of light compensate each other. A mean value for the speed of light results and this measuring section serves as reference value for the other measuring section that runs parallel to the wave front. This measuring section then lies in the clock pulse of the gravitational wave at times in the more dense vacuum energy with greater "c" and at times in the thinner vacuum energy with lower "c". Thus a frequency modulation of the light wave length results that can be measured as a differential signal compared to the other measuring section. Thus the direction can also be determined in which the event is to be found.

Wave lengths of the gravitational waves that are greater than the length of the reference section do not produce a mean value here and thus no differential signal. The measurement is carried out by superimposing the two wave trains and this produces by interference the weakening or strengthening of the signal. The signals themselves are merely only tiny phase differences and for that reason it is extremely difficult to measure them.

In the meantime gravitational waves have been discovered; a distinct signal was measured for the first time in September 2015 and this fact was published in February 2016.

Time

Time is a virtual phenomenon, intangible but still very real. It is a constant flow from the present in the direction of the future, but it is irreversible. The past becomes real due to the existence of nature, relics and recorded information and moreover due to collective and subjective memories.

In the theory of relativity the speed of light is the universal constant "c". It is measured as the speed of light in a vacuum and is defined to be 299792458 m/s.

For time, a second is used as the basis. It is measured with high-precision atomic clocks, whereby the light frequency emanated by cesium 133 atoms during the energy change of the electrons is measured and the oscillations are counted. The oscillation frequency of the atoms is assumed to be a natural constant.
A second then amounts to 9192631770 oscillations.
A meter is the distance that light travels in 1/c or 1/299792458 seconds.

Since the speed of light is used as the reference dimension for the other measured values a variance in "c" would not be noticed mathematically; it is eliminated in the calculation.
That means that should the speed of light change, then the other values would also no longer be correct.
According to the theory of relativity, clocks in a gravitational field – thus also on earth – run somewhat slower and all else as well, so it is said. That fact was confirmed by measurements, explained by the space time curvature and termed the gravitational time dilation.
That implies that the oscillation frequency of the atoms in the clocks in the gravitational field is also somewhat slower and the clocks require more time to reach the number of oscillations for a second. The offset, however, is very slight and is to be found around the 8th position following the decimal point. Therefore, this normally makes no difference.

For GPS navigation systems for example this must be corrected, since otherwise the determination of the position would be too inaccurate.

Now what about the hypothesis described above?

In a gravitational field, e.g. on earth, the density of vacuum energy is lower and therefore also the speed of light. When light waves coming from space arrive at the earth, the distance between the waves is smaller when the clock frequency remains the same. That would then be a blue shift of light and the clocks would have to run faster. But measurements proved just the opposite, the clocks run slower.
That means that the light emission of the atoms in the clock takes place slower and that generates a red shift of light.

How is that achieved?

In the vacuum energy density in space the electrons, due to their speed and to centrifugal force, rotate at a certain distance from the atomic nucleus. As described above under the topic centrifugal force, the speed and the centrifugal force thereby balance each other out.
A particle of matter thereby travels on the vacuum energy isobar which corresponds to this balance. A greater distance requires higher speed and thus more energy of the path impulse. This is familiar to us through the satellites that circle the earth in the same manner.

The clock and its atoms are located on earth in the energy sink of gravity and thus also in the lower density of vacuum energy. But since the path impulse of the electrons remains the same while the vacuum energy density decreases, the electrons are raised to a higher orbit which has the same vacuum energy isobar. Yet the diameter of the orbit thereby increases and thus also the path.

Moreover, due to the higher orbit, the angular speed also decreases as we are familiar with from twist. The complete orbit of an electron determines the frequency of the light wave that is emitted which now takes longer. The emitted light undergoes a red shift and the clock takes more time to count the number of impulses of the second. This red shift is more dominant than the blue shift that occurs when light makes its entrance into the gravitational field.

The second thereby remains a constant but the environmental conditions for the clock have changed and also the speed of light in the gravity sink. Besides, the oscillation frequency of the atoms, assumed to be a natural constant, is subject to this in the same manner but with a different functionality as with the gravitational time dilation of the general theory of relativity.
A space time curvature is then no longer an issue and the explanation provided here is no doubt closer to reality than the mathematics of differential geometry.

It might be of interest that as a result of the somewhat larger electron shells in the gravity sink of the earth, the volume of matter also increases slightly in comparison to open space. That has nothing to do with a vacuum, however, but rather with the distance from gravity wells. In order to carry out a comparative measurement, one would have to get as far away as possible from the area of the gravity of the sun.

Above all, time itself is completely independent of matter, space and vacuum energy or speed, as well as the speed of light. It is therefore well-suited for use as a universal standard, provided it can be measured with adequate accuracy.
One ought to attempt to convert the general theory of relativity as a mathematical theory in such a way that time is regarded as the universal constant instead of the speed of light. A change in the speed of light in the vicinity of matter can then be calculated out as a material constant of the vacuum energy density and taken into account as such.

126

Perhaps then the mathematical formalism would even become simpler.

It might be that the well-known twin paradox would then turn out to be an interpolation since up to now it has not truly been verified.

One can imagine a mammoth box, one side of which is perhaps a billion kilometers long. Viewed from the outside, time passes for the box everywhere identically fast. However, one cannot observe this because from the various points of the box the information does not arrive at the observer simultaneously due to the limited speed of light. Nevertheless, an event occurs simultaneously, when it happens at different locations in the box. One cannot really comprehend why a person who remains at a certain location should age differently from another person who flies around in the box. Seen objectively, time passes just as fast for both persons. Only a person who lives in a gravity sink, that is, on a planet, ages somewhat slower, but that is not because time passes slower, but rather because the person's metabolism is slowed down somewhat.

The flow of time is divided into the past, the present and the future. The present is an arbitrarily small time period since a moment later everything is already a part of the past. Yet it is real because in the next moment almost everything is still present, but changes that took place in the moment of the present cannot be changed or rendered reversible. Attempts to make something reversible then become the future or even a new present. The future is a continuation of the present and the past with the changes that occur due to aging processes and events which can also transpire spontaneously. A term for this is entropy. In nature, the future takes place according to predetermined procedures or programs that come into existence evolutionarily. Of course, the latent experience is present as to how the event occurred in the past and one expects that it will occur somewhat similarly in the future. Only the human intellect is able to consciously plan and organize the future based on memories of the past.

Even that, however, does not succeed perfectly. "Human stupidity is unlimited", Einstein said and how right he was is demonstrated by many current events.

But hope still abounds that SETI may find life out there, sometime.

Dark matter

During the observation of galaxies, a type of star behavior was discovered for which the laws of physics have not been able to provide an explanation up to the present. The stars in the outer arms moved faster than expected. Since one did not want to question the standard model of cosmology, the idea of a "dark matter" arose, the force of attraction of which was supposed to keep the stars on their orbits. Up to the present, the search for this matter has indeed been dark, in spite of enormous efforts. It's like a fata morgana, one thinks there is something there, but one doesn't find anything.

Meanwhile it ought to be clear: this simply won't do, there must be another explanation for this.

One could imagine an explanation separated into three zones, an inner area around the center, a middle area and an outer area.
Astronomical observations have revealed that usually a so-called "black hole" is present at the center of galaxies. The energy sink there is so strong that even light can no longer escape. Besides this, relatively many other stars are collected around the center. Altogether the result is a strong and far-reaching energy sink, that is, a huge zone of decreasing energy density in the direction of the center, just as was discussed above regarding particles in the description of the effects of gravity, but much more powerful.
Thus the stars around the center travel in a zone with lower vacuum energy density.
They inhabit a sphere producing fewer effects that – as described above – generates the effects of gravity and inertia. In addition, this also causes a centrifugal force that produces fewer effects. Consequently the speed that holds the celestial bodies on stable orbits is also lower.

In other words the stars at the center rotate slower than is the case under normal conditions. By "normal" we mean here: in the environment of our solar system.

It is an unproven assumption that the physical laws are valid in exactly the same manner in the entire universe as is the case in our nearby surroundings. That implies that under differing ambient conditions such as the variable field density of vacuum energy, the physical laws behave the same qualitatively but that they can deviate quantitatively.

The so-called "gravitational constant" is thereby a local constant that is dependent upon the respective density of the vacuum energy.

In the middle area, the density of the stars is lower and thus the vacuum energy density is distributed nearly as normally as is to be expected among the stars in open space.

In the outer area at a very great distance from the center of a galaxy, perhaps several hundred light years, the effects of gravity and thus the force of attraction are so slight that satellite stars can practically no longer be deflected. The effects of centrifugal force will also be extremely small because of the huge radius to the center and the relatively slight path speed. The stars then virtually travel on a straight path and notice nothing of the circular movement. The stars swim along with their spheres in the field of vacuum energy. The galaxy and the stars at a very great distance from the center thereby behave rather like a solid body in which matter and vacuum energy rotate in common. The transition from one zone to another does not take place in a delimited fashion but instead continuously.

The satellites thereby remain on the isobars of vacuum energy, that is, in the field of the same vacuum energy density.
And even if minor changes do occur, they can only be observed after a very long period of time, perhaps in millions of years, due to the extremely small forces involved. Such a galaxy is a dynamic entity; this is evident from its partially pinwheel-like form which must have been shaped over the course of time.
A dark matter is not necessary for this.

Following these considerations inertia and thus also centrifugal force can be related to one another by means of a variable gravitational constant that is ultimately a function of the vacuum energy density. The same is true for the connection between the speed of light and the vacuum energy density. As a consequence, vacuum energy and its local density are the reference values. Vacuum energy is apparently the basic medium underlying all things, such as matter and magnetic/electrical energy fields and their manifestations, and on which the other natural constants are dependent. With one exception: time and its flow are independent of it and for that reason time comes into consideration as "the" reference constant. The time dilation postulated in the theory of relativity can be allocated to the behavior of matter in connection with vacuum energy, should it still be relevant then.

If the density of vacuum energy can change as is the case with the effects of gravity in connection with matter then it can also change in open space. Admittedly this would occur extensively, covering distances of many light years and with fast compensation of pressure and density. Currents of vacuum energy are therefore also conceivable, similar to jet streams in air. Such a change in density can happen when a star explodes or when neutron stars or black holes collide. Besides the matter and radiation emitted, vacuum energy – originally bound in material particles – is then again set free which spreads out in space as pressure waves or gravitational waves. Conversely, perhaps as the result of the collision, a deficit in vacuum energy density can occur which can then also generate a gravitational wave moving towards unification.

Neutron stars, black holes

One assumes that neutron stars come into existence when very large suns explode at the end of their lifespan. They are composed of extremely highly compacted matter – of neutrons – that originated out of matter as a result of the massive pressures and extreme temperatures during the explosions of the stars. The elements are thereby so consolidated that the electrons are pressed into the atomic nuclei and the protons are transformed into neutrons.
The electromagnetically neutral neutrons are thereby so compressed that they form a hardly imaginably dense substance comparable to the density in the atomic nuclei.

Upon the dissolution of even much larger suns or quasars, or also upon the fusion of neutron stars, entities with such enormous gravitational effects come into being that even light can no longer escape from the gravitational sinks of these stars.
One speaks then of "black holes". It appears to be proven that such a black hole constitutes the center of every galaxy.

According to the remarks above, gravity originates from a vacuum energy sink directed towards a conglomeration of matter. Hence the density of the vacuum energy for a black hole approaches zero there. Atoms are formed by the elementary particles in the atomic nucleus and the electron shells. In relation to their size the electron shells are very far away from the atomic nucleus; for instance, think about the size comparison with the pea mentioned above.
The distance between the atomic nucleus and the electron shell is filled with omnipresent vacuum energy with a density that decreases exponentially the closer the nucleus is and this lends the atom its frame, its structure and its physicality. Now if, due to the gravitational mechanism, an atom, a body or a star is accelerated towards a black hole, it then enters the region in which vacuum energy approaches zero. Each atom thereby loses its structure since vacuum energy also disappears between the electron shell and the

nucleus. The atoms virtually collapse and the elementary particles thereby unite to form neutrons.

This is possibly analogous to hot-air balloons when the air suddenly vanishes.

If radiation is thereby produced it cannot escape because the speed of light is dependent upon the vacuum energy density and therefore it also approaches zero. The black hole is thus a very stable, long-lasting structure as long as the neutron soup remains stable.

Vacuum energy approaches zero but it will not reach zero completely. Hence energy in the form of radiation can escape slowly in a sort of sublimation. That means that a black hole also does not have an unlimited lifespan, it evaporates slowly as it were to vacuum energy.

It is just as unlikely to expect singularity in the center of a black hole as in a neutron star. One can rather expect that neutrons dissolve there into their component parts and that possibly a crystalline structure is formed there.

Information and its interpretation are also destroyed because they are always linked to material structures that are dissolved upon entry into a black hole.

Quantum physics

Quantum physics is one of the most successful fields of physics. Practically all of our most modern technologies are based on it. It enjoys such success because it is essentially involved with real matter, the elements and their interactions amongst one another. It is based upon countless experiments and observations of reactions that are made in contrast to astronomical research on earth and in laboratories. The knowledge gained thereby usually flows directly into technical applications.

Since quantum physics is based on the same foundations as astrophysics, it is perhaps interesting to examine it in light of the ideas described above.

This is particularly true because up to now it has obviously not been possible to reconcile the main theories of astrophysics and quantum physics, as one can often gather from various publications. It may be that this is somewhat speculative, but it is interesting all the same.

Nuclear components

The nuclear components (protons, neutrons, electrons) were generated from energy during the big bang as vibrating structures and hence, according to $E=mc^2$, they consist of compacted vacuum energy and they therefore have a much higher energy density than the surrounding omnipresent vacuum energy field.

According to the hypotheses of quantum physics a proton consists of three quarks with gluons as binding agents. The situation is similar for neutrons. That is a model concept for indeed, quarks and gluons as free particles cannot be observed.

But one could also imagine that the highly concentrated energy forms a type of standing wave that is self-contained and that something like an oscillating torus is produced.
In the string theory such entities were already mentioned as branes.

If several of these locally contained oscillating entities are united in a proton or neutron, then they could link up and interlock in such a way that it would not be possible to separate them easily (strong nuclear energy).

Protons are all absolutely identical, which suggests that very definite criteria for stability are valid for the oscillating entities they contain; smaller or larger energy amounts are not stable and fall apart again. The same is true for neutrons and electrons with specific rules of their own, whereby protons and neutrons are composite structures and electrons are rather native structures of vacuum energy. It may be that Planck's constant "h" plays a role here too, similar to the situation with photons.

In the standard model a multitude of particles are postulated, most of which however are not stable and decompose after a more or less brief period of time. These particles are produced as the result of radiation and interactions among matter itself; they are significant

135

there, rather not as base particles, possibly with the exceptions of the neutrinos and the positrons. And also the (gauge) bosons as well, as the moderators of forces, are rather hypothetic assumptions in order to make the effects of the particles among one another calculable. An exception to this is constituted by the photons as energy carriers and moderators of the exchange of energy between the electrons of the atomic shells.

Doubts already arise with respect to photons as moderators of magnetic forces, e.g. permanent magnets, because light is essentially not influenced when passing through a magnetic field and the forces between magnets can hardly be provided by photons since the relevant field lines run around the magnet in the form of an arc and thus they have little in common with the electromagnetic wave of light, quite apart from the conveying of forces. There must be some other functional principle that forms the basis for this.

The vacuum energy field is an amorphous analog field, hence it is without granulation. When the big bang occurred, highly compacted quanta were created from this vacuum energy that united to form elementary particles, electrons, protons, neutrons and photons. Then these particles in association with vacuum energy united to form atoms, mainly hydrogen, helium and some lithium. Vacuum energy thereby served as carrier medium, as a framework and supplied the atoms with a structure.

The structure is formed by the sphere with the quadratic decrease of the energy sink in the direction of the atom. It is also conceivable that the electrons travel on their orbits in the zone of the more compact vacuum energy thereby maintaining a distance to the nucleus that is relatively large compared to their size and thus withstand the attraction of the positively charged nucleus.

From the multitude of particles available, suns were generated in which the other elements – up to iron – came into being by means of nuclear fusion. The larger elements arose during stellar explosions that with the exception of certain isotopes are stable up to the element bismuth beyond which the elements are unstable, that is, radioactive.

These elements comprise matter, of which everything consists. It was speculated that above the radioactive elements there could be an island of stability for still larger elements, but up to the present this speculation has not been confirmed.

Apparently nature chose a different path: it formed molecules from the stable elements and can thereby create a nearly endless variety.

Life as well arose in this manner, indeed from only relatively few elements, but they are important and stable.

Magnetic field and electrical charge

An electron is the smallest of the elementary particles of which matter consists. It is the carrier of the negative electric charge and it can move freely outside of an atom independent of the strong nuclear force. It appears to be a native particle that is not composed of various components. It is so small that its actual size is unknown even up to now. One regards it as a point-like particle. At some time, the label "negative" was selected arbitrarily in order to give it some kind of a name. It's really a shame that one didn't choose "positive" because then it would have been compatible with electrical engineering in general in which current – that is, the charge carrier – is calculated as running from plus to minus. One simply didn't know better at the time the designation was established.

One can envision an electron as an elementary, stable and oscillating entity of highly concentrated vacuum energy. A quantum of vacuum energy oscillates in a wave that reverts back on itself thereby forming a standing wave. This type of wave form was already discussed in connection with the string theory. The bound vacuum energy determines the inert mass of the electron, the rest mass that always remains unchanged. The resulting gravitational effect is a static effect between vacuum energy and the particle and for that reason completely independent of any dynamic behavior, such as vacuum energy flow, charge or spin.

In contrast to this, light is a wave that spreads out linearly with a much lower energy quantum which always travels in vacuum energy at the maximum speed available on site. The energy is thereby bound in the wave as kinetic energy and therefore the light particle or photon has no rest mass.
The wave train of a photon was measured at 1 to 2 meters.

One can picture an electron as a sphere floating around in the field of the surrounding vacuum energy and in which the energy of the

138

standing wave swings e.g. clockwise around the equator. This causes a counter-reaction which makes itself noticeable as spin that runs counter-clockwise when seen from above. Due to the dynamics of the standing wave, free vacuum energy is sucked in from the environment in the direction of the axis on one side, e.g. from below, and on the other side emitted again at the top.

This vacuum energy is again led around on the outside of the wave in a recirculation process as we are familiar with from permanent magnets. And since, due to the superfluidity of vacuum energy, no friction and also no potential difference are produced and no work or output of power is required. But since vacuum energy is thereby in motion and thus emerges as a magnetic flow, a continual electrical charge is induced according to the well-known rules of electrodynamics, the elementary negative charge.

Associated with the observation is also the fact that there are no so-called monopoles for magnets since the source and the sink of the magnetic field are in the nuclear components themselves.

For conglomerations of particles the field lines sum up to form a stronger magnetic field with a very large range. Particles such as photons are not to be found here since wave phenomena as with light waves are not observable with a permanent magnet and also because the force effect of the field is not compatible with the characteristics of photons as moderator particles.

One suspects rather that a magnetic field is created by a flow of vacuum energy. This current is generated by the dynamic processes in elementary particles and it thereby has a pronounced resemblance to the gravitational field that, as described, is generated by the static behavior of vacuum energy in connection with particles of matter.

A change in the vacuum energy density is not produced by the flow and thus also no gravitational effect. For large conglomerations of matter the magnetic flow in the form of field lines can assume substantial values, as can be observed for the magnetic field of the earth or that of the sun.

In the formation of pairs of free electrons the spin axes then align themselves preferably antiparallel because the magnetic flow then has a shorter path between the two electrons. The common spin moment of the pair then amounts to zero and the magnetic flow that has an effect outside is significantly slighter, it is as if it were shorted. For strong magnets the spin axes are aligned parallel to one another.

A positron as an appropriate particle of antimatter can differ in that it may have an opposite direction of rotation from the standing wave and the spin thus an opposite positive elementary charge. One can more or less compare it to a dynamo in which when the direction of rotation is changed, the polarity of the voltage also changes.

A proton appears to have a complex and highly dynamic inner life. In accordance with the observations above, it is formed by wave packets that are in motion, thereby rotating without resistance in a superfluid environment within the proton and generating spin. A proton has approx. 1838 times the mass of an electron and it thereby also unites much more bound energy. By means of scattering experiments three so-called quarks were discovered. If two of the quarks rotate in the opposite direction as in electrons and one rotates in the same direction, then two positive elementary charges and one negative charge are produced so that the proton retains an outwards-acting positive charge. The three quarks are possibly interconnected to one another as oscillating elements, comparable to the links of a chain. Consequently they cannot separate themselves from one another. That would be an argument for the strong nuclear power with a short range which becomes larger along with the increasing distance of the quarks. The gluons, also discovered in experiments and termed the connecting links among the quarks, could be free-moving, neutralized energy entities. The quarks as well as the gluons have not yet been observed outside as particles.

Let us assume that a proton is floating freely in space. Because of its sphere, it is in far less vacuum energy density, corresponding to the much greater bound energy in comparison to an electron as described above for the sphere of the gravitational effect.

If we assume further that the energy sink of the proton is already negligibly small at a distance of 1 m and that is it has nearly the vacuum energy density of open space, then the vacuum energy density directly at the proton itself, due to the quadratic decrease, is merely only 2.9×10 to the power of -30 thereof. Thus the proton rotates in a nearly energy-free environment. The reaction to the internal motion is an outer rotation in the opposite direction, the spin, as was already described for electrons. The electrical charge is generated in the same manner as for an electron, but in the opposite direction of rotation and is positive.

An antiproton as a particle of antimatter then possesses the same inner structure, but with a direction of rotation corresponding to the electron and it then has a negative charge.

A neutron appears to have the same inner structure as a proton but with a supplementary electron that balances out the electrical charge. With that, the neutron has a slightly greater mass and no electrical charge.
As a free particle, however, the neutron is not stable and with a half-life of about 15 minutes it breaks down into a proton, an electron, an antineutrino and some amount of radiation, as was discovered by means of experiments and measurements. It appears to be stable only in the atomic nuclei of the elements where it is needed as the moderator among the charged protons.

An antineutron should then consist of an antiproton and a positron and it should have a spin that is mirror-inverted to normal matter.

Atoms are formed by the fusion of protons and neutrons in the nucleus and electrons in the atomic shell. The simplest atom is the hydrogen atom, which has one proton in the nucleus and one electron in the orbit around this nucleus. The atom is thereby rendered electrically neutral since the charges of the proton and the electron compensate one another.

The electron travels on its orbit far away from the nucleus if one considers the size of the elementary particles. The radius of the orbit is thereby 65,000 times greater than the radius of the proton and due to the quadratic increase the vacuum energy density there is 4.2×10 to the 9th power greater than at the proton. That seems to be the comfort zone for the density of the electron orbits. The electrical coupling between the proton and the electrons is reduced to the same degree since the electrical field also behaves similarly to the gravitational effect according to the reciprocal quadratic function. In the zone of the electron orbit however the vacuum energy density is still 1.2×10 to the 20th power lower than at a distance of 1 m from the nucleus. Hence the electrons also move in extremely low vacuum energy density.

By a zone of comfortable density is meant the local density of the vacuum energy in which the electrons position their orbits. This is similar to the isobars of the same energy density on which satellites and planets travel, here it is merely transferred to the subatomic level. The electrons also have a certain kinetic energy in their orbits which they can only leave by effecting a change in energy, for example, by taking in or discharging light quanta, similar to the isobars.

The structures of the atoms thus receive their stability in connection with the electromagnetic charges, which was discussed above as their corporality. It prevents the electrons from falling into the atomic nucleus since a tighter orbit would lead to an increase in the rotational frequency, which would result in a higher centrifugal force. On the other hand, an input of energy is required for a larger orbit, as with the intake of a light quantum. Hence, with sufficient high-energy light quanta, electrons can be removed from their orbits and set free; this occurs during a photoelectric effect.

The physical sequences are comparable in principle in the atomic range, in human dimensions and on an astronomical scale.

As already discussed in regard to the gravitational red shift of light when light enters the earth from space, the orbit of the electrons becomes somewhat larger, since in the gravitational field the surrounding vacuum energy density has already been decreased respectively. This results in a frequency shift toward a somewhat lower frequency, which can be observed by precise atomic clocks. The enlarged electron orbit then also leads to a minor increase in volume. A volume increase as the result of a rise in temperature is independent of this and arises due to molecular motion.

With the number of its protons, the atomic nucleus determines the number of electrons in the electron shell. The number of neutrons in the nucleus is thus also determined; these neutrons serve as moderators in establishing stability among the protons. The number of these neutrons can vary in the isotopes. The nucleus is the basis of the atom and contains the major part of the mass.

The electrons are divided up into one or more orbitals and determine the electrical, magnetic and chemical characteristics of the atom, its connection to molecules and the interactions of its radiation.

In the standard model, various moderator particles are postulated that are supposed to mediate the forces among the elementary particles by dashing back and forth. These appear to be simplifications to facilitate the computability without their having a true reference to reality.
One ought rather to ascribe these characteristics to the omnipresent vacuum energy.

In summary, gravity is a static gradient of vacuum energy whereas magnetic power and electrical charges are dynamic flow processes of vacuum energy. The strong and the weak nuclear forces are limited to the internal processes in the atomic nucleus or in the nucleons.

The four forces of nature could thereby be brought together to a single source, namely to different states of vacuum energy and in concentrated form the existence of matter as well as was recognized by Einstein with $E=mc^2$.

Einstein once said that the gravitational field and the magnetic field might merely be two manifestations of the same unified, cosmic whole (Spektrum d. W. June 2003, page 63).
Who knows, maybe he was right here too and the four fundamental forces can be traced back to a single essence, vacuum energy.

Sketches of the magnetic field and the electrical charge

These sketches serve to promote consideration of how an electrical charge can develop in an elementary particle, whereby the magnetic field is primary and the electrical charge is continually induced by the magnetic flow in connection with the spin. Then the magnetic flow would be a dynamic characteristic of vacuum energy, in contrast to the static characteristic of the vacuum energy field during the gravitational effect. As an example we will use two electrons while the protons and other particles behave accordingly, whereby the electrical polarity is determined by the rotational direction of the spin. Here it is arbitrarily assumed but the actual direction of rotation must be determined based on experiments.

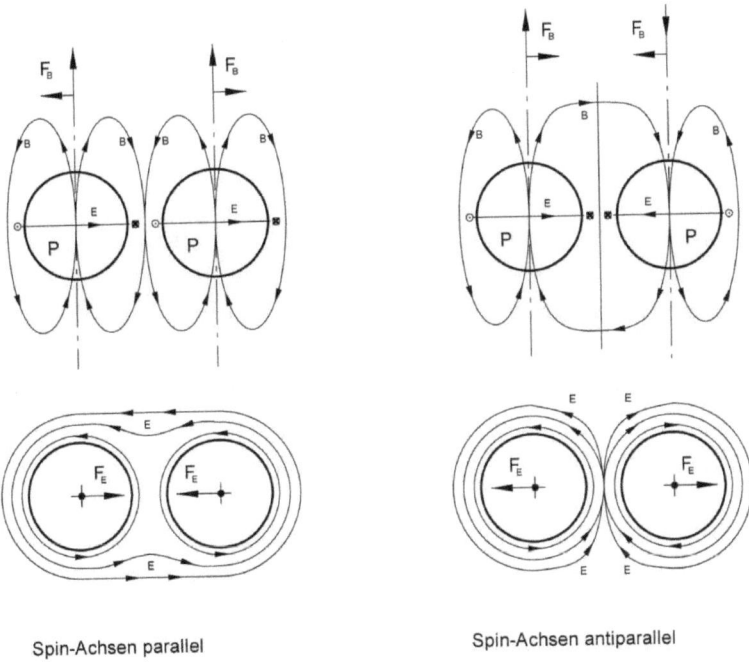

Spin-Achsen parallel   Spin-Achsen antiparallel

Sketch 1   Sketch 2

Regarding sketch 1 top, parallel spin axes, seen from the side

In a particle, a certain quantum of concentrated vacuum energy is to be found, which rotates as a standing wave around the axis. Since the particle is located in a friction-free environment, this rotation generates a torque as a counter-reaction, the spin. Moreover, due to the internal rotation, free vacuum energy is sucked in from the environment and it then exits as moving vacuum energy as a magnetic flow towards the top. The emitted magnetic flow surrounds the particle on the outside and enters again from below.

Recirculation of the magnetic current is thus produced which in connection with the spin rotation induces an electrical field which appears as an elementary charge. Since everything takes place in a loss-free environment no loss of energy occurs, the process is, so to speak, superconductive. If two particles with the same direction of rotation and thus also the same magnetic flow direction are situated next to one another, then the circulating flow presses the particles apart from each other (FB/magnetic flux density) due to the displacement of rectified field lines of the vacuum energy flow although the rectified, induced electrical charge is counter-rotating at the lateral points of contact and for that reason it is attractive (Fe/electrical force flux). The two charges merge and due to the formation of the pair, produce the double elementary charge and double spin (sketch 1 bottom, seen from above).

Regarding sketch 2 top, antiparallel spin axes, seen from the side

For the antiparallel oriented spin axes the magnetic flow is also aligned in the opposite direction and it is thus as it were short-circuited, in that the exiting flow of the one particle re- enters directly at the particle next to it. It thus has the shorter path and has an attractive effect. On the other hand, the direction of rotation of the spin is now opposite one another and the induced charge between the particles has the same polarity to one another, which generates a repulsive effect (see sketch 2, bottom, seen from above). The two particles are therefore also held at a distance but spin and charge are thereby neutralized. It is to be assumed that this pair formation, due to the opposite magnetic flow, is more stable than the parallel position of the spin axes. This is somewhat comparable to two permanent magnets lying next to one another that also adjust to this constellation very emphatically. However, the electrons in the magnetic material are aligned in parallel as the effective particles of the atomic shell.

If two particles of antimatter meet then the process takes place in the same manner but with the opposite direction of rotation of the spin.

If a normal particle meets a corresponding antiparticle, then in the first case, the circulating vacuum energy flow presses the particles apart from one another (sketch 1 top) and also the charge as well (sketch 2 bottom). Nothing happens but this condition is unstable.
In the second case, which arises spontaneously, the short-circuited vacuum energy flow draws the particles together (sketch 2 top) and also the charge as well (sketch 1 bottom). This condition leads to the immediate destruction and dissolution of the particles in the free vacuum energy. The energy bound in the particles as radiation and/or kinetic energy is thereby released either in the form of a vacuum energy pressure wave or in the form of heat.